아이는 우리에게 이렇게 응원하고 있습니다.
"힘들겠지만 당신은 할 수 있습니다. 내가 있으니까요!"

아이의 건강한 리듬 생활

1판 1쇄 발행일 | 2017년 4월 6일
1판 2쇄 발행일 | 2020년 7월 6일

지은이 김현경
그린이 김정은

펴낸이 권미경
펴낸곳 무지개다리너머
주소 서울시 은평구 응암로 310 파인빌딩 501호
전화 02-357-5768
팩스 0504-367-7201
이메일 beyondbook7@gmail.com
블로그 blog.naver.com/brbbook
페이스북 facebook.com/brbbook
인스타그램 instagram.com/beyondbook
등록번호 제25100-2016-000014호(2016. 2. 4.)
ISBN 979-11-956821-3-3 03590

이 도서의 국립중앙도서관 출판사도서목록(CIP)은 서지정보유통지원시스템 홈페이지
(http://seoji.nl.go.kr)와 국가자료공동목록시스템(http://www.nl.go.kr/kolisnet)에서
이용하실 수 있습니다.(CIP제어번호: CIP2017007863)

머리와 가슴의 조화로운 성장

아이의 건강한 리듬 생활

김현경 지음 | 김정은 그림

무지개다리너머

차 례

3장 유익한 반복 해로운 반복

4장 몰입과 집중

5장 심심할 권리

6장 가정 내에서의 리듬 생활

7장 가정 밖에서의 리듬 생활

"소금 한 숟가락 줄까?"
"엄마~ 심심해"

들어가기 전에

다년간 수많은 아이, 부모, 교사들을 만나면서 유익한 **패턴**으로 양육과 교육이 흐를 수 있는, 보다 명확한 기준이 필요하다는 것을 절실하게 느꼈습니다.

처음 경험하는 일에 대해서 자신만의 가이드라인을 만들어야 될 때 상당히 막연한 기분을 느낄 수밖에 없습니다. 게다가 수많은 기준을 일일이 길잡이 삼느라 우왕좌왕합니다. 만일 기준이 명확한 부모 또는 교사와 생활하며 성장했다면 처음 마주하는 일도 스스로 기준을 세우고 앞으로 나아갈 수 있습니다.

앞으로 이 책을 통해 육체적 건강은 물론 정신적 건강까지 함께 챙겨 줄 기준으로 **리듬 생활**을 이야기할 것입니다. 이 기준을 잘 세운다면 영유아기 및 유년기 아이들을 위한 육아 교육에 있어 보다 간단하면서도 통합적인 가이드라인을 세울 수 있을 것입니다.

바로 리듬에 의한 반복 활동을 통해 어른과 아이의 생활 패턴을 의식하는 것입니다. 일상생활을 의식하지 않은 채 즉흥적이고 무의식적인 습관에 의존할 경우 아이의 감정에 부정적인 영향을 미칩니다. 이는 정서 불안으로 이어지며, 나아가 자존감에도 영향을 미치게 됩니다. 따라서 자신의 생활 패턴을 의식하는 일은 매우 중요합니다.

강의를 하면서 많은 질문을 받게 되는데 흥미로운 점은 그 많은 질문들의 본질이 하나라는 것입니다. 부모와 교사들은 '결과만 보고' 의문을 가집니다. 결과가 나오기까지의 과정을 의식하지 못해 생기는 의문들입니다.

어른들은 자신의 일상에서 어떤 행동, 말, 생각들을 반복하는지 깨달아야 할 것입니다. 그리고 그것을 계속해도 괜찮은지 더 이상 반복하면 안 되는지도 알아야 할 것입니다. 이 책의 내용은 제가 강의를 하며 만났던 다양한 분들의 질문들이 녹아 있습니다. 그 다양한 분들의 질문이 독자 여러분에게 건강한 기준을 스스로 세울 수 있도록 독려해 드릴 것입니다.

본론에 들어가기에 앞서 한 가지 부탁드리고 싶은 것이 있습니다. 이 책의 단어나 문장을 보이는 그대로가 아닌 그것이 **상징하는 바**를 읽어 주시기 바랍니다. 상징을 이해하기 어려운 것은 글 읽기 능력에 문제가 있어서가 아닙니다. 성장 과정에서 미처 해결하지 못한 문제 때문에 그런 경우가 많습니다.

그중 하나가 성장 과정에서 강도 높은 참을성을 강요받았거나, 잘못한 일이 아닌 데도 수치심을 느낄 정도로 지적을 받았던 경험 등에 의해 감정이 억압되어서 그렇습니다. 그래서 상징적인 글이나 말에 대해 '모 아니면 도' 식으로 곧이곧대로 해석하게 됩니다. 그런 경우 타인이 표현한 상징을 파악하지 못할 뿐만 아니라 스스로가 상징이 내포된 이야기를 하는 것도 어렵습니다. 따라서 직설적인 화법에 의해 타인에게 상처를 주고도 모를 수가 있습니다.

'모 아니면 도'라는 사고방식은 일종의 틀입니다. 그들은 감정 표현이 억압되는 틀 안에서 성장했을 가능성이 높습니다. 그래서 말이나 글이 상징하는 바를 알아차리기도 전에, 자신도 모르게 그것을 자기를 가두려는 하나의 틀로 해석합니다. 그리고는 흥분을 하고 화를 냅니다.

흡연이 폐암을 유발한다는 말은 '그럴 확률이 높으니 **우리가 노력해서** 주의하자'는 뜻입니다. 어떤 경우에도 사람과 관련해서 '모 아니면 도'라는 틀은 존재하지 않습니다. 억눌린 감정에 사로잡혀 생략된 말, 즉 상징의 핵심을 배제시키면 결국 많은 것들을 '모 아니면 도'로 받아들입니다.

감정 표현이 억압된 경우 외에도 지나치게 수동적인 사람으로 키워졌을 경우 글과 말의 이면에 숨은 뜻을 '스스로' 알아내기 어렵습니다. 이 역시 '모 아니면 도'로 해석하게 됩니다. 많은 전문가들은 이렇게 수동적으로 받아들이는 습관을 지닌 사람들 때문에 생긴 오해를 푸는 데 적지 않은 시간을 할애하기도 합니다.

'모 아니면 도'로 받아들이는 것은 스스로를 의식하지 못하는 자신만의 습관적인 행위입니다. 이러한 습관은 **스스로를 여**

유롭지 못하게 만듭니다. 이것은 버려야 할 습관입니다. 그 습관을 계속 가지고 있을지 버릴지를 결정할 수 있는 사람은 오로지 '자신'뿐입니다.

이제 본격적으로 여러분들과 리듬 생활에 대해 이야기를 나눠 보겠습니다.

1장

리듬에 의한 반복, 리듬 생활

리듬 생활에 대하여

리듬 생활은 박자 생활이 아니다

일상 관찰하기

'넣고 빼기'로 점철된 삶

아이의 리듬 생활을 만들어 줄 때 부모는 한결 여유롭다

자연의 생명 리듬 - 하루, 일 년, 사계절

인간의 생명 리듬 - 호흡

아이의 감정 리듬

아이의 감정을 억압하지 않는다

감정 표현 - 의지, 감정, 사고의 선순환

리듬 생활에 대하여

'리듬'은 같은 형태가 반복되는 것입니다. 따라서 '리듬 생활'이란 같은 형태가 반복되는 생활을 뜻합니다. '외출 후 집에 오면 손 씻기', '늘 나와 다른 사람 비교하기', '식사할 때 먹고 싶은 것만 먹기' 등 이 셋 중에서 어떤 반복 행위가 자신을 망가뜨릴까요?

우리는 늘 무언가를 반복하며 살고 있지만 그것을 늘 의식하지는 못합니다. 앞의 예 중 두 번째와 세 번째를 의식하지 못한다면 자신의 육체와 정신이 망가지는 것도 모른 채 살아가게 됩니다.

리듬 생활은 같은 방식의 행동, 같은 방식의 말이, 같은 방식의 생각이 반복되는 생활입니다. 그것은 매일 반복될 수도 있고, 일주일에 한두 번, 한 달에 몇 번, 계절마다, 해마다 반복될 수도 있습니다.

중요한 것은 우리에게 유익한지 해로운지 구분할 수 있어야 합니다. 우리의 육체적 · 정신적 건강을 도모하는 '유익한 패턴의 생활 습관과 생활 방식'을 실천하는 것이 리듬 생활이며, 우리에게 해로운 생활 습관과 생활 방식이 지속된다면 그것은 리듬이 깨진 생활입니다.

그것을 구분함으로써 육체적 · 정신적 건강을 스스로 돌볼 수 있습니다. 나아가 그러한 행위는 인간관계까지 영향을 미치기 때문에 더 큰 의미에서 보면 삶의 질을 좌우하는 일이기도 합니다.

삶의 질은 학력이나 경제력이 아닌 삶에 대한 자신의 만족도에 비례합니다. 만족스럽지 못한 삶을 살고 있다면 반드시 자신의 리듬 생활을 점검해 볼 필요가 있습니다. 일상생활에서 해야 할 반복 행위와 하지 말아야 할 반복 행위들을 말입니다.

리듬 생활은 박자 생활이 아니다

리듬 생활을 음악 용어로 설명하면 이해가 더 쉬울 것입니다. 우리에게 익숙한 동요 〈산토끼〉를 불러 볼까요?

1. 산--토끼토끼야--
2. 어--디를가느냐--
3. **깡**- · 총깡- · 총뛰면서--
4. 어--디를가느냐--
5. 산--고개고개를--
6. 나--혼자넘어서--
7. **토**- · 실토- · 실알밤을--
8. 주--워서올테야--

악보를 보는 것이 익숙하지 않은 분들을 위해 음의 길이를

'-' 표시로 나타냈습니다. 이 노래 하나로도 리듬에 대한 엄청난 정보를 얻을 수 있습니다.

먼저 이 노래에 담긴 음악적인 리듬만 보겠습니다. 이 노래의 리듬을 길고 짧음으로 표현한다면 '장--단단단단장--'입니다. 길이가 다른 6개의 음이 한 쌍이 되어 노래가 끝날 때까지 반복됩니다. 단, 굵은 글씨로 표시된 3번과 7번 부분을 제외하고 말입니다.

'장--단단단단장--'이라는 **같은 패턴이 어김없이 반복**되는 경험을 통해 뒤에 나올 것을 **쉽게 예측**할 수 있습니다. 다시 '장--단단단단장--이 나오겠지'라고 말입니다. 3번과 7번 행을 제외하고는 모두 다 같은 리듬입니다.

만일 천편일률적인 반복이라면 그것은 리듬 생활이 아닌 박자 생활입니다. 박자는 유연성 없이 자로 잰 듯이 똑같은 것입니다. 정확히 12시에 점심을 먹고, 정확히 1시에 양치질을 하고, 정확히 1시 10분에 쉬었다가, 정확히 2시에 그림책을 보는 식입니다. 한 치의 오차도 없이 이렇게 생활한다고 생각해 보세요. 숨이 막힌다고 느껴질 것입니다.

리듬 생활은 순서는 유지하되 시간을 유연하게 쓸 줄 알아야 합니다. 그런데 어른이 되면 유연성을 잃기 쉽습니다. 왜냐하면 지켜야 할 의무가 많아지기 때문입니다. '제 시간 안에' 일을 마치려면 시계처럼 박자에 맞춘 생활을 하게 됩니다. 시계 초침 소리를 들어 보면 소리와 소리 사이의 간격이 똑같습니다. 이처럼 어른들은 기계적인 생활 패턴에 빠져 있는 경우가 많습니다.

〈산토끼〉 노래에서 3번과 7번을 보세요. 완전히 다른 리듬이 나타나 이 노래를 지루하지 않게 해줍니다. 3번과 7번이 활기를 불어넣어 줍니다. 사실 영유아기에는 이 노래가 처음부터 끝까지 똑같은 리듬으로만 흐른다 해도 지루해하지 않습니다. 오히려 안정감을 느낍니다. 왜냐하면 그 시기는 이 세상이 아직 신뢰할 만한 곳인지 아닌지 모르기 때문입니다. 따라서 갑작스러운 변화는 활력이 되기보다는 정서적 안정감을 깨뜨릴 수 있습니다.

어느 날 갑자기 엄마가 유년기 자녀에게 이렇게 말합니다.

"엄마가 오늘은 할머니 댁에 가서 하룻밤 자고 올게."

그러면 아이는 놀라 징징대기 시작할 것입니다. 가지 말라고 하거나 자기도 데려가라고 떼를 씁니다. 엄마가 다시 돌아올지 아닐지 몰라서입니다. 그런데 만일 남편에게 그렇게 말한다면 어떨까요? 남편 입장에서는 마치 〈산토끼〉 노래의 3번과 7번 같은 신선한 활력으로 다가올 것입니다.

어른들의 일상에 한 달에 한 번, 일 년에 네 번 계절이 바뀔 때마다 의무에서 벗어난 활동들을 넣어 준다면 일상을 살아갈 힘을 얻게 됩니다. 공연을 보거나 정말 하고 싶었던 활동을 하거나 여행을 가거나 말이죠. 이것이 바로 리듬 생활입니다. 그러나 만일 이 리듬 생활이 보여 주기 위한 것이라면 삶의 즐거움을 전혀 느낄 수 없을 것입니다.

일상 관찰하기

삶에 활기를 불어넣는 리듬 생활을 잘하려면 자신의 일상을 잘 관찰할 수 있어야 합니다. 어떻게 관찰할지 그 방법을 찾는 것은 여러분의 몫입니다. 참고로 제가 사용하는 방법을 소개합니다.

수첩이나 노트를 펼쳐 왼쪽에는 '지난달에 하고 싶었는데 **이것저것 따지다가** 결국 안 했던 것들'을 적습니다. 그것은 **행동**일 수도 있고 **말**일 수도 있습니다. 그리고 오른쪽에는 '지난달에 하지 않아도 되는데 한 것들'을 적습니다. 이 역시 **행동**일 수도 있고 **말**일 수도 있습니다.

왼쪽에 쓸 것을 생각하는 데는 시간이 오래 걸리지 않습니다. 그러나 오른쪽에 쓸 것을 생각하려면 한참을 혹은 몇 날 며칠을 생각해야 겨우 떠올릴 수 있습니다. 왜냐하면 우리는 무의식중에 자기 합리화를 많이 하기 때문입니다.

지난달에 하고 싶었는데 결국 안 했던 것들	지난달에 하지 않아도 되는데 한 것들

'다 필요해서 한 일들이다, 꼭 해야 되는 일들만 했다'고 착각을 합니다. 이해가 쉽도록 돈을 예로 들어 보겠습니다. 지난달에 태블릿 PC가 갖고 싶어 가격을 알아봤더니 20만 원이 넘는 가격대였습니다. 한참을 고민하다가 안 사기로 결정을 했습니다. 그런데 지난달에 마신 커피 값을 보니 20만 원 이상이 나왔습니다.

하고 싶은 것을 못하거나 하고 싶은 것을 할 시간이 없는 가장 큰 이유는 **하지 않아도 될 것들을 하느라 시간을 보내기 때문**입니다.

자녀의 일상을 리듬 생활이 아닌 **넣고 빼기의 생활**로 만드는 부모가 있습니다. 자녀의 일상으로 들어가 아이가 스스로 해야 할 일들을 대신 처리해 주는 것입니다. 즉 하지 않아도 될 일을 하고 있는 것입니다. 부모가 스스로의 리듬 생활을 돌아보지 않는 한 아이의 리듬 생활을 건강하게 이끌어 줄 수 없습니다.

부모가 여유가 없으면 아이도 여유가 없는 생활을 합니다. 반면 부모가 스스로 리듬 생활을 통해 삶의 활력을 불어넣을 수 있다면, 아이들의 리듬 생활도 활기를 얻어 흘러갈 것입니다.

'넣고 빼기'로 점철된 삶

오늘날의 휴대폰은 참으로 대견하게도 **우리 대신** 많은 일들을 해결해 줍니다. 우리는 그저 일의 시작과 끝에만 있으면 됩니다. 본론에 해당하는 중요한 일들은 기계가 대신 처리합니다. 기술의 발달은 편리함을 가져왔습니다. 밥은 밥솥이, 빨래는 세탁기가, 음식 보관은 냉장고에, 추운 겨울날 보일러가 따뜻한 물을 만듭니다. 우리는 **넣고 빼기만** 하면 됩니다.

빨래를 하는 가장 큰 목적은 세탁물에 묻은 더러운 때를 빼는 것입니다. 누가 하나요? 바로 세탁기가 합니다. 우리는 세탁기에 빨래를 **넣고**, 세탁기가 제일 중요한 일을 하고 나면, 세탁물을 **빼내면** 됩니다. 밥을 하는 것 역시 이와 다르지 않습니다.

집 안에서의 일상적인 리듬 생활이었던 요리라는 창조적인 활동은 어느새 인스턴트 제품들을 이용한 넣고 빼기 식의 활동이 되어 가고 있습니다.

넣고 빼기는 마치 복사 과정과도 같습니다. 종이를 복사기 위에 올려놓고 숫자 10을 누른 뒤 나중에 10장의 종이를 뺍니다. 이런 식의 일을 반복하는 사람의 경우 어느 순간부터 어떤 정신적 활동도 하지 않습니다. 복사라는 과정은 기계가 하는 일이고, '나'는 넣고 빼는 아주 단순한 동작만 반복할 뿐입니다.

제일 중요한 일을 기계가 하고, 나는 넣고 빼기만 반복하는 일종의 기계가 되어 버립니다. 기계 중에서도 제일 하찮은 역할을 하는 기계가 됩니다. 넣고 빼기를 반복하는 일은 성취감을 주는 정신적 활동이 아니기 때문에 보람 같은 것은 느낄 수 없습니다. 옛날 어머니들은 빨래를 하고 나서 적어도 '개운하다!'라는 말을 했습니다. 본론에 해당하는 일을 본인이 했기 때문입니다. 그 일을 마치니 보람도 느끼고 기분이 좋은 것입니다.

넣고 빼기만 하는 생활이 습관이 되면 그 사이에 들어가는 정작 중요한 일은 으레 자신의 일이 아니라고 생각하게 됩니다. 기계나 제3자가 하는 것이라고 여기게 됩니다. 이런 사고방식이 습관이 되면 자녀 양육에도 큰 영향을 미칩니다.

넣고 빼기의 생활을 사는 사람은 시간이 많아집니다. 따라서 하지 않아도 될 일을 할 수 있는 시간이 많습니다. 그 '하지 않아도 될 일'이 바로 자녀의 생활에 과도하게 개입하는 일입니다. 자녀의 일상을 리듬 생활이 아닌 넣고 빼는 생활로 구성하게 됩니다.

대표적인 예가 숙제를 부모가 대신해 주는 것입니다. 자녀는 숙제를 부모에게 **넣고**, 부모가 숙제를 마치면, 그 숙제를 **빼내어** 학교로 가져갑니다. 또 부모는 자녀의 심심함을 해결해 주고, 자녀의 친구를 만들어 주는 이러한 모든 일들이 해당됩니다. 자녀가 경험해야 할 과정을 부모가 빼앗는 셈입니다. 이런 부모들의 특징은 자녀가 못할까 봐 불신한 나머지 대신 나서서 해결한다는 것입니다. 그래서 늘 걱정이 가득합니다.

자녀의 일상을 넣고 빼는 것이 아닌 자신의 것을 스스로 해결하게 하는 리듬 생활로 이끌어 주는 부모는 여유가 있습니다. 여유가 있으니 유머 감각까지 있습니다. 심심하다고 툴툴거리는 아이에게 "소금 한 숟가락을 떠먹어 보지 그러니"라고 한마디하고 당신 할일을 합니다. 아이의 심심함을 해결하는 것은 아이의 몫이지, 엄마나 아빠의 일이 아니라고 분명히 선을 긋는 것입니다. 그러나 냉정하게 긋는 것이 아니라 소금을 먹으라는 우스갯말로 알려 줍니다. 이런 농담은 여유 있는 사람만이 할 수 있습니다.

아이에게 리듬 생활을 만들어 줄 때 부모는 한결 여유롭다

성인이 된 자녀를 둔 중년 부모들 중에는 정신적으로 여유 있게 사는 사람들이 있습니다. 경제적인 이유에서가 아닙니다. 자녀를 키우면서 그들의 일상을 넣고 빼는 일에 과도하게 몰입하지 않았기 때문입니다.

세상의 모든 일은 과정이 있기에 이루어진다는 것을 알면 자녀들의 생활을 넣고 빼는 일로 만들지 않을 것입니다. 부모라면, 그리고 그 누구라도 과정이 있어야 결과가 나온다는 사실을 분명히 알아야 합니다. 그것은 성실함을 넘어 도덕성으로 이어지는 문제이기 때문입니다.

스마트한 기계들 옆에서 넣고 빼는 일상에 길들여진 많은 부모들은 결과가 빨리 나오기를 원합니다. 자녀가 무언가를 못하고 있으면 기다릴 줄 알아야 합니다. 그러나 부모는 자녀가 쩔쩔매는 모습을 바라보는 일이 쉽지 않기 때문에 기다릴 수 없습니다. 부모 입장에서는 그것을 보는 것이 고통스럽기 때문입니다. 아이 곁에서 닦달하지 않고 그 모습을 기다리며 지켜봐 준 부모는 나중에 실로 큰 대가를 받게 됩니다.

부모는 죽을 때까지 자식을 걱정합니다. 그럼에도 불구하고 상대적으로 여유로운 부모들은 자녀들이 일상에서 (넣고 빼기 사이에 들어가는) 본론에 해당하는 일과 직접 마주할 수 있도록 지켜봐 줬기 때문입니다. 그 결과 아이들은 결국 스스로 해내는 경험을 쌓을 수 있게 됩니다. 부모 또한 그런 자녀를 보며 '우리 애는 할 수 있다. 때가 되면 하게 된다'는 믿음이 쌓여 갑니다. 자연히 걱정을 덜하게 됩니다.

과정이 있어야 결과가 나오고, 세상은 자신이 통제하는 대로 돌아가지 않으며, 스스로가 완벽하지 않다는 것을 잘 알고 인정할 줄 알아야 합니다. 자녀가 넣고 빼기만 하도록 부모가 자녀의 일상생활에 과도하게 몰입하면 자녀가 성인이 되어도 여전히 믿지 못합니다. 그래서 그들의 생활 방식이나 양육 방식에도 개입을 하며 끝없는 걱정 속에서 살아갑니다. 자녀들을 닦달하며 여유 없이 살게 될 뿐 아니라 관계까지 나빠집니다.

어떤 부모들의 경우에는 무의식중에 자녀와 분리되는 것이 두려워 당신들 없이는 아무것도 할 수 없게 만들기 위해 나서는 경우가 있습니다.

자녀의 일상을 넣고 빼기로 만들지 않으려면 부모에게도 리듬 생활이 필요합니다. 부모가 먼저 넣고 빼기로 반복되는 기계적인 일상에서 벗어나야 합니다. 또한 문명의 이기 덕분에 시간이 많아졌는데도 쉴 줄을 몰라 하지 않아도 될 일들을(걱정을 비롯한 많은 행위들) 더 많이 하기 때문에 시간이 부족하다는 것을 알아차려야 합니다.

리듬 생활에서 중요한 것 중의 하나가 바로 활동과 휴식을 구분할 줄 아는 일입니다. 휴식은 다음 활동을 위한 재충전 시간입니다. 규칙적으로 잘 쉬어 주지 않을 경우 아이의 조화로운 성장을 방해합니다.

자연의 생명 리듬
- 하루, 일 년, 사계절

우리가 흔히 하는 표현 중에 '자연스럽다'는 말이 있습니다. 이상하다고 느껴지지 않고, 어색하지 않고, 인위적이지 않고, 그럭저럭 잘 어우러질 때 그렇게 말합니다. 반면 자연스럽지 않은 것은 어떤 '흐름과 어긋나는 것'을 의미합니다.

춤을 잘 못 추는 사람을 보면 흐르는 음악 속의 리듬을 전혀 느끼지 못하는 듯 보입니다. 마치 리듬을 무시하는 것처럼 말입니다. 그러나 사실 그들은 리듬을 탈 줄 모르는 것입니다. 몸치의 춤은 보기에 재미있기도 하지만 불편함이 느껴지기도 합니다. 음악의 리듬과 몸짓이 일치하지 않기 때문입니다. 이렇게 리듬을 타지 않는 것은 부자연스럽고 어색합니다.

음악의 리듬과 어긋나는 춤은 어색하고 웃음을 주는 정도로 끝날 수 있습니다. 그러나 자연의 리듬과 어긋나는 생활이라면 어색하거나 이상해 보이는 차원을 넘어 위험한 상황을 초래합니다.

우리가 경험하는 자연의 리듬에는 어떤 것들이 있을까요. 우선 **하루**의 리듬이 있습니다. 우리가 사는 이 지구는 자전축을 중심으로 하루에 한 바퀴씩 회전하는데, 이때 낮과 밤이 나타납니다. 태양이 보이는 낮에는 활동을 하고, 태양이 사라지면 활동을 정리하고 휴식을 취합니다. 그리고 월요일부터 시작해 토 · 일요일, 주말에 이르는 **일주일**의 리듬이 있습니다. 평일에는 열심히 일을 하거나 공부를 하며 일상을 보내고, 주말이 되면 쉬어 줍니다.

지구는 또 태양을 중심으로 한 바퀴씩 도는데 이 공전 주기를 기준으로 **일 년**을 365일로 정했습니다. 그렇게 우리는 해마다 나이를 먹습니다. 일 년의 리듬 안에는 **사계절**이 그 순서를 약속이나 한 듯이 반복적으로 나타납니다.

따뜻한 봄에 생명체들이 깨어나고, 겨울이 되면 휴식을 취하면서 또 다시 봄을 기다립니다. 이렇듯 우리가 사는 지구, 그리고 우주 역시 리듬에 따라 반복합니다. 자연은 반복되는 규칙적인 흐름, 즉 리듬을 가지고 있습니다.

우리 인간에게 있어 자연스럽다는 것은 이러한 자연의 리듬과 함께하는 것을 일컫기도 합니다. 그래서 리듬 생활이란 단순한 반복 생활이 아닌 규칙성을 갖는 자연스러운 생활을 의미합니다.

인간의 힘으로 자연의 흐름을 바꿀 수는 없습니다. 그래서 먹을 것을 구할 수 없는 계절에 대비해, 그것을 구할 수 있을 때 미리 준비하는 리듬 생활을 합니다. 그 대표적인 것 중의 하나가 김장을 하는 풍습입니다. 자연의 리듬을 거스른다면 그것은 먹고 사는 문제에 영향을 미칩니다. 그래서 자연스럽게 일 년에 한 번 11월과 12월 사이 '그때마다' 김장을 하는 풍습이 생겼습니다.

자연의 섭리를 받아들이고 자연을 해치지 않는 범위에서 인간 생존에 도움이 되는 방법을 모색하고 그것을 실천합니다. 이것이 자연스럽다는 뜻이며, 만일 자연을 해치게 된다면 더 이상 그것은 자연스럽지 않은 것이 됩니다.

자연의 리듬과 어긋나는 삶에는 어떤 일이 벌어질까요? 한겨울에 여름 샌들을 신고 다니는 사람을 보면 다시 한 번 쳐다보게 됩니다. 그 이유는 아무래도 자연스럽지 않기 때문이겠죠. 추운 겨울에 맨살을 드러낸 샌들 착용으로 건강을 해칠 수도 있을 것입니다.

우리나라는 (꼭 필요하지 않은 분야에까지) 24시간 영업하는 나라로 유명합니다. 24시간 영업하는 곳이 많으니 24시간 활동하는 사람들도 많습니다. 휴식이 없는 연속된 활동은 자연을 파괴하는 일이기도 합니다. 불필요한 행동들이 24시간 내내 무의식적으로 행해지면서 환경을 오염시키고 서서히 기후를 변화시키고 있기 때문입니다.

자연의 리듬을 무시하면 인간은 결국 스스로를 해치는 꼴이 됩니다. 활동을 위한 낮과 휴식과 재생을 위한 밤 시간대를 구분하지 않는 것은, 한겨울에 여름 샌들을 신는 것과 다르지 않습니다.

자연의 리듬을 존중하는 데서 인간의 리듬 생활이 시작됩니다. 하루의 변화와 계절의 변화를 받아들일 때 우리는 자연의 리듬에 건강하게 잘 적응할 수 있습니다. 그렇게 자연과 공존하면서 자연의 리듬에 어긋나는 행위를 멈춤으로써 우리는 건강을 유지할 수 있습니다.

자연의 섭리를 받아들일 줄 아는 것은 자연의 일부인 인간을 받아들이는 일이기도 합니다. 자연의 섭리를 받아들이고 그 안에서 우리가 생존할 수 있는 방법을 모색하고 실천하듯이 육아와 교육도 그렇게 해야 합니다.

다시 말해 인간의 타고난 기질이나 성격을 받아들이고 인간의 육체적 · 정신적 건강을 해치지 않는 범위 내에서 이 세상에 잘 적응하고 살아가는 방법을 모색해야 합니다. 그것이 바로 리듬 생활의 본질이며, 이러한 리듬 생활을 통해 유익한 습관을 늘 실천할 수 있게 도울 수 있습니다.

인간의 생명 리듬
- 호흡

리듬은 자연에서 시작되며 리듬 생활은 자연스러운 생활, 자연을 거스르지 않는 생활을 의미합니다. 인간도 자연의 일부이기 때문에 인간 자체가 가지고 있는 리듬이 있습니다. 그중 대표적인 것이 바로 호흡입니다.

평소에는 의식하지 않은 채 들숨과 날숨을 반복합니다. 호흡이 멈추면 심장도 뛰는 일을 멈추게 됩니다. 따라서 호흡은 우리의 생명을 유지시키는 매우 중요한 리듬입니다. 여성의 경우 월경도 해당됩니다. 한 달에 한 번 반복되는 이 리듬은 새로운 생명을 만들어 낼 가능성을 규칙적으로 반복합니다.

이렇게 인간의 몸이 만들어 내는 리듬이 생명 연장과 연결되는 경이로운 현상임을 새삼 깨닫게 됩니다. 자연의 섭리를 받아들이고 존중하듯 우리의 몸이 만들어 내는 리듬을 의식하는 것은 중요한 일입니다.

우리가 감당하기 힘든 자극이나 두려운 상황에 맞닥뜨릴 때 제일 먼저 인지하게 되는 신체 변화가 심장박동의 변화입니다. 심장박동이 달라지면서 호흡도 달라지고 호흡이 부자연스러워지면서 심장 역시 부자연스럽게 뜁니다. 부자연스런 호흡이 자신이 처한 상황이 자연스럽지 않다는 것을 일러 줍니다. 만일 자신의 부자연스런 신체 리듬을 인지하지 못한다면 어떻게 될까요? 아마 그 상황을 피하거나 바꾸려는 시도를 하지 못할 수도 있습니다.

신체 리듬이 깨지면 그로 인해 감정 및 정신 리듬에도 좋지 않은 영향을 미칩니다. 반대로 감정적 · 정신적 고통이 커지면 신체 리듬 역시 영향을 받습니다. 예를 들면, 시험 시작 종소리를 들었을 때나 자신의 면접 차례가 다가올 때 등 긴장이 되는 상황이면 의식적으로 숨을 크게 한번 들이마십니다. 그렇게 호흡을 원래의 자연스러운 리듬으로 돌려놓으려는 노력을 합니다.

자신의 호흡 리듬이 깨진 이유나 깨져 있다는 것을 의식하지 못한다면 육체적 · 정신적 고통을 받으면서도 별다른 조취를 취하지 못해 위험합니다. 그래서 안전하고 건강한 삶을 위해 몸이 만드는 리듬에 귀를 기울여야 합니다. 동시에 그 리듬이 자연스럽게 흐를 수 있도록 일상적인 노력을 해야 합니다.

그것은 다름 아닌 자신의 호흡 리듬을 비롯한 모든 육체적 · 감정적 · 정신적 리듬을 망가뜨리는 해로운 무의식적 반복 행위들을 지양하는 것입니다. 그리고 건강한 리듬 생활을 통해 유익한 습관을 몸에 익히고 유지하려는 노력을 해야 합니다.

아이의 감정 리듬

아이가 육체적 · 정신적 건강을 해치는 행동을 반복한다면 아이가 좋아하는 것이라 해도 멈출 수 있게 도와야 합니다. 이때 많은 부모들이 좋아하는 것을 못하게 하는 것에 대해 걱정합니다. 아이의 감정을 억누르는 것이 아닐까 싶어서 그렇습니다. 그러나 감정 억압은 해도 되는 것을 못하게 했을 때 일어납니다. 하면 안 되는 것을 못하게 했을 때는 감정 억압이 일어나지 않습니다.

해도 되는 것에는 두 가지가 있는데, 감정을 표현하는 것과 실수하는 것입니다. 우리는 그 두 가지를 허용해야 합니다.

한 아이가 친구들과 달리기 시합을 했는데 1등을 했습니다. 아이는 1등을 했다는 사실에 '자부심을 느끼고 기뻐서' 집에 가자마자 흥분해서 부모한테 이야기합니다.

"엄마, 아빠! 나 오늘 달리기 시합에서 1등 했어!"

그러자 엄마가 이렇게 말합니다.

"누구랑 뛰었는데 그래? 달리기 못하는 애들이랑 같이 뛰었구나?"

이번에는 아빠가 이렇게 말합니다.

"그럼 당연히 1등 해야지. 2등이라도 할 생각이었니?"

우리가 이 이야기 속의 아이라고 생각해 봅시다. 나는 내 나름대로 무언가를 잘했다고 생각해서 그것을 자랑하듯 이야기 했는데 부모의 반응은 마치 다음처럼 느껴집니다.

"네가 한 일은 특별한 일이 아니야. 당연한 것이야. 그런 일로 호들갑 떨지 마라."

아이의 기분은 어떨까요? 앞으로 자부심을 느낄 기회가 생겨도 자부심을 갖기 어려울 것입니다. 또한 기쁠 때 기뻐하는 것이 잘못된 일이라 여길 수도 있습니다. 그래서 타인으로부터 칭찬을 들었을 때 "좋게 봐 주셔서 감사합니다"라고 말하지 못하고 "아니에요"라고 부정하는 표현이 나옵니다.

좋게 봐 주어 감사하다는 말은 충분히 겸손한 표현입니다. '아니에요'라는 말은 감정이 억압된 상태에서 나오는 표현입니다. 기뻐해도 될 때 기뻐할 줄 모르는 것이 감정이 억압된 상태입니다.

어렸을 때 자신의 마음과는 다른 결과가 나와 속상해할 때 부모님은 어떤 반응을 보이셨나요? 속상한 여러분의 마음을 어루만져 주셨나요, 아니면 큰 잘못이라도 저지른 것처럼 대하셨나요?

당연히 느껴도 되는 감정을 표현하지 못하게 하는 경험이 쌓이면 스스로 감정을 억압합니다. 속상할 때 속상해하는 것을 허락하지 않고, 슬플 때 슬픔을 표현하는 것을 부정당할 때 감정은 억압을 받습니다.

우리가 (눈물을 무기로 삼는 아이들을 제외하고) 우는 아이들에게 흔히 저지르는 실수가 바로 "울지 마, 괜찮아"라고 말하는 것입니다. 위로를 한다고 그런 말을 합니다. 그러나 우는 사람 입장에서는 서럽고 속상한 상황이기에 우는 것입니다. 아마 괜찮다면 울지 않았겠죠. 괜찮지 않으니 우는 것입니다. 그런데 "괜찮아, 울지 마"라고 이야기한다면, 아이는 '이런 것은 울 일이 아니야. 이렇게 속상함을 드러내는 것은 잘못된 일이야'라고 받아들입니다.

울 일이 아니라는 것을 알아 가는 일은 성장 과정에서 서서히 자연스럽게 일어나야 합니다. 오히려 "많이 속상했구나"라는 한마디와 함께 안아 주면 됩니다. 그러면 아이는 속상해하는 일, 그리고 그 감정을 표현하는 일은 잘못된 일이 아니라는 것을 느낍니다.

아이들은 같이 놀다가 승부욕이 커서 정상적이지 않은 방법을 쓰는 친구들 때문에 속상해하는 일이 많이 생깁니다. 그때

"많이 속상하겠다"며 등을 쓰다듬어 줄 때와 "괜찮다"고 말해 줄 때 아이들의 반응은 신기할 정도로 다릅니다. 직접 경험해 보시기 바랍니다.

사람들이 감정 표현을 못하는 이유들 중 하나는 표현했던 순간 그 감정을 부정당한 경험이 쌓여서 그렇습니다. 감정 표현을 못하는 사람들의 특징은 타인의 감정 표현 또한 허락하지 않으며, 타인의 감정을 읽지 못한다는 것입니다.

아이의 감정을 억압하지 않는다

하루 종일 텔레비전을 보겠다고 떼를 쓰는 아이가 있다고 합시다. 이 아이의 감정은 받아 줘야 하지만, 하지 말아야 할 행동은 못하게 해야 합니다. 어떻게 하면 될까요?(해본 경험이 있는 부모나 교사들에게는 이 일이 매우 간단합니다.)

감정 표현을 허락하기 위해 가령 다음과 같은 말로 받아 줄 수 있습니다.

"텔레비전을 네 마음껏 하루 종일 볼 수 있다면 얼마나 좋겠니?"

그리고 다음의 말로 텔레비전을 보겠다는 것을 반대합니다.

"그런데 엄마는 (혹은 선생님은) 네가 안 좋은 행동을 하게 놔둘 수 없어."

그리고 하던 일을 하며 아이와 더 이상 논쟁을 벌이지 않습니다. 그 순간 아이는 엄마나 선생님을 야속하게 생각하며 툴툴거릴 것입니다. 그러나 이 방법은 아이가 커서도 감정을 쌓아 두지 않을 수 있는 방법이 됩니다. 그래서 감정이 억압되지 않는 것입니다.

물론 바쁜 아침 시간에도 이런 차분함과 냉정함을 유지하는 것이 쉽지 않습니다. 특히 아이가 세 명 이상 있는 가정의 경우에는 아무리 마음을 가다듬으려 애써도 일일이 감정을 다 받아 주기란 쉽지 않습니다. 이때 인내심이 부족하고 자격 없는 부모라고 스스로를 꾸짖지 마시기 바랍니다. 그 하루가 가기 전에 여유가 생겼을 때 아이의 마음을 어루만져 주는 것이 좋습니다. 이때 그것이 단순히 미안하다는 식의 사과여서는 안 됩니다. 어떻게 마음을 어루만져 줄지에 대해서는 6장 '가정 내에서의 리듬 생활'에서 구체적으로 이야기하겠습니다.

제 어머니 세대, 약 60대 초반에서 70대 어머니들은 '아이들이 하지 않아야 하는 것'을 분명히 알고 계셨습니다. 그러나 (모든 분들이 다 그런 것은 아니지만) 그 세대의 실수는 자녀의 감정을 억압했다는 것입니다.

예를 들어 아이의 편식하는 버릇을 고치겠다고 숟가락으로 머리를 때리면서까지 "콱! 빨리 입에 넣어! 안 넣어! 누가 뱉으라고 했어!"라며 혼을 냅니다. 편식하지 않게 키우는 일은 중요합니다. 그런데 그 과정이 언어적으로나 비언어적으로나 상당히 폭력적이었습니다.

많은 부모들이 이미 가진 장난감을 다른 종류로 또 사달라는 아이에게 새것을 가지고 싶어 하는 감정 표현을 허락하지 않습니다. 하면 안 되는 것을 못하게 하려는 데 집중한 나머지 다음과 같이 말합니다.

"쓸데없는 소리 하고 있네! 안 돼! 시끄러워!"

무턱대고 장난감을 사주지 않는 것은 잘한 것이지만, 아이가 원하는 것을 표현하기 힘들게 만들었습니다.

학창시절에 혼냈지만 좋았던 선생님, 혼내서 싫었던 선생님에 대한 기억들이 있을 것입니다. 혼내서 싫었던 선생님들의 특징은 혼날 일이 아닌 일을 본인의 기분에 따라 혼냈다는 것입니다. 그런 선생님은 어른이 되어서도 싫은 사람으로 기억에 남습니다. 그러나 하면 안 되는 것을 못하게 하느라 혼을 낸 선생님이나 부모님에게는 감사한 마음이 남습니다.

하면 안 되는 것을 하려는 아이들 앞에서 어른들은 감정은 받아 주되, 해도 되는 것과 하지 말아야 할 것을 구분해 주는 이 두 가지를 동시에 지혜롭게 해내야 합니다.

감정 표현
- 의지, 감정, 사고의 선순환

유년기 아이들이 놀면서 표현의 기회를 갖는 것은 굉장히 중요합니다. 그 시기에 직접 경험하고 그 경험으로부터 무언가를 느껴서 깨닫는 일이 부족하게 되면 감정이 잠듭니다. 즉 직접 경험하는 것이 아닌, 누군가의 깨달음과 누군가 정리해 놓은 규칙이나 지식만을 습득한다면 우리의 감정은 잠들어 버린다는 것입니다.

매일 오전에 엄마와 함께 같은 길을 산책하는 아이가 있습니다. 아이는 그 시간을 통해 계절의 변화를 직접 바라봅니다. 다른 한 아이는 실내에서 하루를 보내며 '봄에는 꽃이 피고 여름에는 매미가 웁니다. 가을에는 단풍이 아름답고 겨울에는 눈사람을 만들어요'라는 글을 배우며 익힙니다. 두 아이가 **느끼는** 것은 아주 많이 다릅니다.

상담과 강의 등을 통해 저는 많은 교사와 부모들을 만납니다. 그분들 중 많은 분들이 감정에 대해 잘 알지 못합니다. 매일 감정을 헤아리지 못해 힘들어 하는 현실과 마주합니다. 감정이 잠들어 있을수록 머리를 더 써야 하는 일이 벌어집니다. 그러나 머리를 쓰면 쓸수록 감정은 더 죽어 갑니다.

앞서도 말씀드린 바 있습니다만, "괜찮아, 울지 마"라는 말은 우는 아이에게 전혀 위로가 되지 않는다고 했습니다. 강의 중에 이 이야기를 하면 들으시는 분들은 머리를 쓰기 시작합니다. 무슨 말이 좋을지 고민하기 시작하는 것입니다. 여러분은 이럴 때 어떻게 하는지 스스로를 잘 관찰해 보시기 바랍니다. 머리로 고민하는지 아니면 상대의 감정을 느껴 보는지 말입니다.

안타깝게도 **머리를 사용하면 할수록** 무슨 말을 해야 할지 **더 알 수 없게 됩니다.** 감정이 살아 있으면 고민할 새도 없이 위로의 말이 나옵니다.

제가 앞서 제시한 "많이 속상했구나"라는 말의 예시를 알려드리면 제 이야기를 듣던 많은 분들은 "아… 그렇구나. 어렵다…"고 하십니다. 머리를 사용하는 일과 감정을 느끼는 일 중 많은 분들이 후자를 더 어려워합니다.

우는 아이에게 어떤 위로의 말을 해야 할지 알 수 없는 분들의 경우 어린 시절 주변 어른들로부터 우는 행위를 부정당했을 가능성이 높습니다. 그래서 우는 사람이 느끼는 감정이 무엇인지를 잊은 것입니다.

머리는 계산을 하는 데 필요하고 가슴은 느끼는 데 필요합니다. 진정한 위로를 머리로 하려니 해야 할 말도 모르겠고 할 수도 없는 것입니다. 이를 통해 감정을 깨우는 일이 시급하다는 것을 알 수 있습니다.

감정을 깨우려면 **직접 느껴** 봐야 합니다. 직접 느꼈을 때 비로소 머리도 그 느낌을 이용해 무언가를 해낼 수 있습니다. 충분히 **마음껏** 놀아 볼 기회가 없었던 사람은 다양한 감정들을 느끼고 표출한 경험이 상대적으로 적습니다. 원하는 것을 표현하거나 시도할 기회가 없으면 표현할 방법을 알지 못하는 일이 생깁니다. **나를 상대에게 표현하고, 상대의 표현을 내가 받아들이는 것**을 말입니다.

요즈음 초등학생들을 위한 책에 '친구 사귀는 방법'이 제시되어 있는데 이는 심각한 문제입니다. 그중에서 '칭찬할 것을 찾아 칭찬하기'라는 방법이 불러일으킬 문제는 결코 작지 않습니다.

그냥 좋아서 마음으로 친구를 사귀어 보기도 전에 (모두가 다 그렇지는 않더라도) 마음보다 머리로 이론을 먼저 실천하려는 일이 벌어질 수 있기 때문입니다. 친구를 사귀기 위해 친구를 칭찬하라는 것은 난센스입니다. 지름길을 놔두고 멀리 돌아가는 것과 다르지 않습니다. 교사와 부모가 힘을 합쳐 초등학교 도서관에 비치된 책들을 점검하는 일이 매우 시급합니다.

직접 경험(의지)이 적어서 느낌(감정)이 살아나지 못하면 머리(사고)도 살아 있는 것이 아닙니다. 경험한 것에서 무언가를 느끼고 깨달아 그것을 실천하면서 또 느끼고 깨닫는 선순환이 일어납니다. 그러한 경험이 교육에서 꼭 필요합니다.

자신이 직접 친구를 사귀어 본 아이는 그 친구와의 관계 속에서 겪는 온갖 감정적인 우여곡절을 겪은 끝에 사람과 관계할 때의 보편적인 방법을 깨닫고, 그것을 또 다른 관계에서 활용할 수 있게 됩니다.

의지, 감정, 사고의 조화를 추구하는 리듬 생활을 강조했던 발도르프 학교를 창립한 루돌프 슈타이너의 전인교육이 현대 사회에서 어떤 의미를 가지고 있는지 생각해 봐야 합니다. 이에 대한 이야기는 다음 장에서 다뤄 보겠습니다.

2장

루돌프 슈타이너의 전인교육

자신이 원하는 것을 알고 그것을 스스로 할 줄 아는 것

인간을 이루는 세 가지 구성체

육체, 영혼, 정신의 조화로운 성장

자신이 원하는 것을 알고 그것을 스스로 할 줄 아는 것

발도르프 학교를 세운 루돌프 슈타이너(Rudolf Steiner, 1861~1925)뿐만 아니라 많은 교육자들이 전인교육을 강조합니다. 인간의 어느 한 부분만 집중적으로 성장시키는 것이 아닌, 몸과 마음이 전체적으로 조화롭게 성장하도록 돕는 것이 전인교육입니다.

책상 앞에 오랜 시간 한 자세로 앉아 있는 것은 좋아하지만 움직이는 것을 싫어하는 아이가 있습니다. 그러면 부모는 뼈와 근육이 성장하는 시기인 그 아이의 육체적 건강이 염려되어 몸을 움직이는 활동을 장려할 것입니다. 그때 강제적으로 격렬한 운동을 시키는 것이 아니라 아이가 즐겁게 움직일 수 있는 방법을 찾아내려고 노력해야 합니다.

책상 앞에만 앉아 있다는 것은 혼자 하는 활동을 좋아하는 것입니다. 따라서 다른 아이들과의 교류도 거의 없다는 뜻이기도 합니다. 때문에 부모는 아이의 사회성 또한 염려되어 또래 집단을 만날 수 있는 기회를 만들려고 할 것입니다. 이때 처음부터 여러 사람을 한번에 만나게 하려고 아이들이 많이 모인 장소에서 놀게끔 강요해서는 안 됩니다. 일대일의 관계를 건강하게 맺을 수 있는 가능성부터 찾아봐야 합니다.

많은 부모들이 아이가 산만하거나 동적인 활동을 좋아하면 그런 아이의 특성과 반대인 정적인 활동을 시키려고 합니다. 뛰어놀기 좋아하는 아이에게 차분함을 기르게 하려고 바둑과 피아노를 배우게 하는 것처럼 말입니다.

이것은 아이의 타고난 동적인 본성을 부정하는 방식입니다. 그런 아이들에게는 바둑이나 피아노를 배우는 것이 고통을 줄 수 있습니다. 이런 일이 일어나는 이유는 부모가 우선순위를 엉뚱한 곳에 두기 때문입니다. 결과적으로 아이의 본성 자체를 부정하는 것이 우선시된 것입니다.

이렇게 자신의 본성이 부정당하는 아이들은 성장하면서 자신이 원하는 것을 찾기 어렵습니다. 게다가 강압적으로 시키는 것을 해야 하는 시간이 더 많으므로 당연히 하기 싫은 것만 늘어납니다. 이렇게 아이의 본성이 부정당하는 것은 1장에서 언급했던 감정이 부정당하는 것과 비슷합니다.

어른들 중에는 자유 시간이 주어지면 좋아서 하고 싶은 것을 찾아 하는 사람이 있는가 하면, 아무것도 안 하고 가만히 있는 사람이 있거나, 무엇을 해야 할지 모르는 사람도 있습니다. 자유 시간은 사람에 따라 다르게 쓰입니다.

자유란 내가 원하는 것을 할 수 있을 때 느낄 수 있습니다. 그런데 원하는 것이 없으면 자유 시간을 누릴 수 없습니다. 자유 시간조차 아무것도 하지 못하는, 스스로 자유롭지 못한 시간이 되는 것입니다.

슈타이너는 자기가 원하는 것을 스스로 찾아 할 줄 아는 사람을 길러 내는 교육, 자유를 누릴 줄 아는 사람을 길러 내는 교육을 추구했던 사람 중 한 사람입니다. 그것이 전인교육이고 발도르프 교육입니다.

슈타이너가 살아 있었다면 스마트폰, 즉 기술의 발달 자체를 부정하지는 않았을 것입니다. 다만 스마트폰을 '그런 식으로밖에' 사용할 수 없게 만든 교육 시스템과 이기적인 자본주의 사회, 그리고 감각이 마비된 채 스마트폰을 장난감으로 사용하는 어른들을 지적했을 것입니다.

어떤 청소년들에게는 스마트폰이 그저 게임기로 혹은 포르노그래피를 접하는 용도로 사용되는 이 순간, 다른 한편에서는 같은 청소년임에도 **자기가 원하는** 인문학 강의를 듣는 용도로 사용되기도 합니다. 같은 물건이 이렇게 다르게 사용되는 이유는 그 성장 과정에 있습니다.

유년기의 아이들이 게임이나 잦은 자위행위(일시적인 자위가 아닌 중독성 자위를 하는 연령이 점점 내려가고 있음)를 하는 것은 중독이 된 나머지 **자신도 모르게 하지 않으면 안 되는 의존적 행위**를 하는 것입니다. 스스로 원해서, 의식적으로 하고 싶어서 하는 것이 아닙니다. 그러한 중독 행위가 그들을 게임 전문가나 성 전문가로 만들지 않습니다.

저명한 뇌 연구가 만프레드 슈피처는 그의 저서《디지털 치매》에서 이렇게 이야기합니다. "전문가는 어떤 현상을 객관적인 시각으로 바라볼 수 있는 사람이지, 자기도 모르게 해야만 하는 어떤 행위에 중독되어 정작 해야 할 것조차 못하는 균형 잃은 사람이 아니다"라고 말이죠. 더군다나 그런 행위 때문에 일상생활에 지장이 생긴다면 분명 문제가 있는 것입니다.

아이를 키우면서 한가하게 책을 읽을 시간이 어디 있냐고 말하는 엄마들이 많습니다. 그러면서 SNS를 통해 친분도 없는 타인의 사생활을 구경할 시간과 자신의 사생활을 공개할 시간은 충분히 가집니다. 자신도 모르게 습관적으로 디지털 화면에 보이는 SNS의 아이콘들을 터치합니다.

똑같은 물건이 누군가에게는 하고 싶은 것을 할 수 있는 자유를 주는 물건인가 하면, 다른 누군가에게는 의존하는 물건이 됩니다. 이렇게 사람에 따라 다른 용도로 사용된다는 사실을 놓고 볼 때 무엇이 문제인지 알 수 있을 것입니다.

슈타이너의 전인교육이란 그저 몸과 마음을 고르게 발달시키는 교육이라는 단순한 개념이 아닙니다. 우리는 자신의 본성을 부정당하지 않을 때 원하는 것을 의식적으로 스스로 실천할 수 있습니다. 그것이 자유입니다. 그런 자유를 만끽할 수 있는 인간을 길러 내는 것이 루돌프 슈타이너의 전인교육입니다. 발도르프 교육은 그러한 철학을 담고 있습니다. 슈타이너의 전인교육을 이해하기 위해서는 먼저 인간을 이루는 세 가지 구성체에 대해 알아야 합니다.

인간을 이루는 세 가지 구성체

우리의 성격과 기질은 부모로부터 물려받으며 동시에 환경의 영향을 받습니다. 루돌프 슈타이너의 발도르프 교육은 사람의 본성(물려받은 성격과 기질)을 부정하지 않고, 그 속에 내재된 잠재력이 긍정적으로 발현될 수 있는 환경을 만들어 인간의 조화로운 성장을 도모합니다. 그 '조화'란 무엇인지 살펴보겠습니다.

슈타이너는 인간은 육체, 영혼, 정신, 이렇게 세 가지 구성체로 이루어져 있다고 했습니다. 인간에게는 육체를 움직일 수 있는 의지, 느낄 수 있는 감정, 그리고 생각할 수 있는 사고 능력이 있습니다. 이 세 가지 모두를 건강하게 사용할 수 있는 사람이 삶을 행복하게 꾸려 나갈 수 있습니다.

의지는 무모하게 보일 수도, 대단하게 보일 수도, 당하는 사람의 입장에서 용납하고 싶지 않은 것일 수도 있습니다. 의지의 주인이 무엇을 '느끼며' 살고 있고, 무엇을 '생각하며' 살고 있는지에 따라 각기 다른 육체적 움직임을 드러냅니다.

감정은 우리를 기쁘게 할 수도, 고통스럽게 할 수도 있습니다. 똑같은 상황에서 감정적 동요를 크게 느끼는 사람이 있는가 하면, 그렇지 않은 사람도 있습니다. 감정을 느끼는 주체가 얼마나 정신적 여유를 가지고 있느냐에 따라 감정을 억누르지 않은 채 긍정적으로 다스릴 수 있습니다. 반면 그 조절이 어려우면 의지가 발동하게 되고, 그로 인해 또 다른 감정을 느끼며 괴로워합니다. 예를 들면, 화를 심하게 내고 나서 그럴 일도 아니었는데 심하게 화를 낸 자신에 대한 수치심을 느끼는 것이 그렇습니다.

사고는 머리에서 일어나는 일입니다. 그러나 사고의 근원은 의지가 될 수도 있고, 감정이 될 수도 있습니다. 감정에 의해 일어난 육체적 움직임이 초래한 결과를 통해 무언가를 깨닫는 사고 능력, 이 일련의 과정이 그것을 보여 줍니다.

이렇게 의지, 감정, 사고는 서로 영향을 주고받습니다. 슈타이너는 그것들이 인간을 이루는 세 가지 구성체인 육체, 영혼,

정신과 연결된다고 했습니다.

육체

글자 그대로 우리 눈에 보이는 인간의 몸입니다. 몸을 통해 육체적 성숙도는 물론, 그것을 통해 영혼과 정신의 성숙도도 볼 수 있습니다. 여기서 말하는 육체적 성숙도란 노력하지 않아도 시간의 흐름에 따라 자연스럽게 이루어지는 육체적 변화만을 의미하는 것이 아닙니다. 자신이 육체를 얼마나 잘 움직일 줄 아는지도 포함됩니다. 자신이 할 수 있는 것을 하고 사는지, 할 수 있는데 피하고 있지는 않은지, 몰라서 못하는지 등 다양한 경우들이 있습니다.

어릴 적 고사리 같던 손이 5~6배나 커진 지금 그 손을 어떻게 사용하고 계신가요? 혹시 자신에게 손이 있다는 것을 잊고 사는 것은 아닌가요? 알 수 없는 두려움 때문에 주머니에 손을 넣은 채 가만히 놔두고 있지는 않나요? 손을 많이 쓰긴 하는데 그 손으로 무슨 일을 벌이고 사는지 모르는 것(의식하지 않는 삶)은 아닌가요? 이렇게 자신의 손이 부끄러운지 자랑스러운지 등 말입니다.

이러한 육체적인 성숙도가 한 인간의 감정세계, 그리고 정신세계의 성숙도를 보여 줍니다. 그러나 육체는 죽음을 통해 **결국 없어지는** 한계를 가지고 있습니다.

영혼

누군가는 웃기지 않은 이야기에 예의상 가식적으로 웃어 줍니다. 그러면 우리는 그에게 우스갯소리로 '영혼 없이' 웃는다고 말합니다. 마음에도 없는 행동을 한다는 의미죠. 영혼은 육체 속에 깃든 마음을 움직이는 보이지 않는 실체입니다.

영혼은 우리의 감정(마음)과 연관됩니다. 영혼이 있기에 부모는 자녀를 보고 감탄하기도 하고 울고 웃기도 합니다. 이렇게 영혼은 상황에 따라 끊임없이 변하면서, 울리고 웃기며 우리의 표정을 바꿔 놓습니다.

의기소침해 있다면 육체는 정적으로 움직일 것입니다. 화가 나 있다면 공격적으로 화를 내거나 화를 꾹 참는 식의 움직임을 육체를 통해 드러냅니다. 영혼은 육체가 세상과 교류할 때 더 활발하게 움직입니다. 여기서 말하는 세상은 말 그대로 타인을 포함한 모든 외부세계입니다.

혼자 가만히 집에 있을 때보다 누군가를 만났을 때 감정의 동요가 더 활발히 일어나는 것을 경험합니다. 이를 통해 육체가 세상과 교류할 때 영혼이 더 활발하게 움직인다는 것을 알 수 있습니다.

육체와 영혼이 감당하기 힘든 자극에 노출되었을 때 우리는 피곤함을 느낍니다. 가족들 또는 옆에 있는 사람들에게 괜히 짜증을 내는 이유가 그것입니다.

정신

죽은 뒤 없어지는 육체, 변화하는 영혼, 그러나 정신은 죽어 없어지거나 변화하지 않습니다. 진리나 법칙 같은 것이 정신입니다. 이에 대해 저는《창의적인 아이로 키우는 발도르프 음악교육》에서 '하면 된다'라는 말을 가지고 설명을 했었습니다.

될 때까지 반복해서 해본 육체적 경험이 있는 사람은 '하면(결국에는) 된다'는 정신을 갖게 됩니다. 이 정신은 어느 한 사람에게만 국한된 정신이 아닙니다. 무언가를 반복하는 육체적 경험을 하는 사람들이라면 누구나 가질 수 있는 것입니다. 그 정신을 가진 사람들이 죽더라도 정신이 죽는 일은 없습니다. 민족정신과 같은 것을 떠올리면 이해가 더 쉬울 것입니다. 후세에도 계속해서 가질 수 있는 것입니다.

정신은 죽어서 없어지는 것이 아니라 **계속 존재**합니다. 시대가 변해도 없어지지 않기 때문에, 정신이 건강하고 이롭게 발현되는 것은 매우 중요합니다. 그런데 '하면 된다'는 정신, 불변의 과학 법칙 등이 범죄 행위에 사용되기도 합니다.

정신이 어떤 영혼의 영향을 받는 육체 속에 자리하고 있는지에 따라 다르게 발현되는 것입니다. 이 세상에 건강한 정신만이 존재하기 어려운 이유는, 그 정신을 입은 몸(육체)이 어떤 이유로든 모두 건강하게 자랄 수 있는 것이 아니기 때문입니다.

육체, 영혼, 정신의 조화로운 성장

아이가 무언가를 시도하려 하면 늘 '위험하다, 안 된다, 네가 그걸 어떻게 할 수 있느냐, 넌 안 될 거야' 등의 반응을 보이는 부모들이 있습니다. 그런 부모 밑에서 자라는 아이들은 행위 자체를 꺼릴 수도 있지만, 더 위험하고 더 힘든 것들을 시도할 수도 있습니다.

부모에게 '나는 당신이 생각하는 것만큼 어리석거나 무능력하지 않다'는 것을 **증명하기 위해서**입니다. 이때 '하면 된다'는 정신은 자신이 자부심을 얻고 행복해지기 위해서가 아닌, 부모에게 **인정받기 위해 발현**됩니다.

해내고 나서도 해냈다는 자부심이나 기쁨을 느끼기보다 인정받을 수 있어 다행이라는 안도의 한숨을 내쉴 수 있는 정도입니다. 혹은 너무 애쓴 나머지 다 해내기도 전에 가진 에너지를 소진해 버리는 일이 벌어집니다.

육체에 자리한 영혼이 상처를 받을 경우 정신은 성숙하게 또는 건강하게 발현되지 못합니다. 육체, 영혼, 정신, 이 셋은 따로 분리되어 성장할 수 없습니다. 만약 성장 속도가 각기 다를 경우 인간은 육체적 · 정신적으로 병들게 됩니다. 이 셋이 조화롭게 성장했을 때 육체적 · 정신적 건강함을 유지할 수 있는 사람이 됩니다.

사람의 본질이 명품이 아니면 아무리 명품으로 장식을 해도 빛나지 않습니다. 기본이 갖춰져 있지 않으면 아무리 좋은 교육 재료를 사용한들 원하는 그 효과는 나오지 않습니다. 그 기본을 일상에서 갖출 수 있게 해주는 것이 좋습니다.

제가 강조하고자 하는 그 기본이 바로 리듬 생활입니다. 리듬 생활이 어른과 아이들에게 미치는 영향, 리듬 생활에 있어 주의할 점, 리듬 생활의 치유적인 의미를 안다면 루돌프 슈타이너의 전인교육은 언제나, 어디에서나, 얼마든지 가능하다는 것을 알게 될 것입니다.

리듬은 자연에서 시작되며 리듬 생활은 자연스러운 생활,
자연을 거스르지 않는 생활을 의미합니다.

3장

유익한 반복 해로운 반복

리듬에 의한 반복이 주는 감정적 치유

육체적 반복에 의해 갖게 되는 정신력

유익한 반복 활동과 해로운 반복 활동

습관은 기술 익히기

실수의 반복은 실수를 사라지게 한다

리듬에 의한 반복이 주는 감정적 치유

많은 어른들은 불안해합니다. 노후를 전혀 예측할 수 없기 때문입니다. 노후가 보장된 직업을 가진 사람들은 노후에 대한 불안이 상대적으로 적거나 없을 수도 있습니다. 보장할 수 없는 것, 확실하지 않은 것은 불안감을 안깁니다. 왜냐하면 그때그때 변한다는 것을 의미하기 때문입니다. 그것이 정서 불안의 원인이 됩니다. 보장이란 **약속**입니다. 언제든 바뀔 수 있는 것이 아니라 어김이 없는 확실한 약속입니다.

물건을 사도 품질 보증서를 받거나 AS 보증서를 받는 경우가 있습니다. 보증서를 받으면 내가 구입한 물건이 고장이 나도 구입처에서 책임진다는 **약속을 확실히 받은 것이라 마음이 놓입니다.** 그래서 물건을 살 때 보장이 되는지 물어보고 안 된다고 한다면 그것이 고가의 물건일 경우 구입을 꺼리게 됩니다. 불안하기 때문입니다.

어른들의 경우 노후 같은 조금 먼 미래의 상황들을 알 수 없어 불안해한다면, 아이들은 지금 바로 다음에 어떤 일이 벌어질지 몰라 불안해합니다.

지금 바로 다음에 벌어질 일을 충분히 예측할 수 있는 환경에서 자란 아이는 어른이 되어 뒷일을 쉽게 알 수 없어도 크게 당황하지 않습니다. 반면 뒷일을 전혀 예측할 수 없거나 자신의 예측이 자주 빗나가는 상황을 경험하며 자란 아이는 정서적 불안감이 큽니다. 전자의 아이가 경험하는 세계와 후자의 아이가 경험하는 세계는 완전히 다릅니다. 후자부터 볼까요?

예를 들어, 월요일에는 엄마가 밥을 주는 아침 시간에 밥을 먹고 산책을 갔다가 집에 돌아와 낮잠을 잤습니다. 화요일에는 아빠와 새벽부터 차를 타고 여기저기 다니다 집으로 돌아왔습니다. 수요일에는 엄마가 하루 종일 피곤하다고 자는 바람에 나도 따라 밥도 먹지 못한 채 누워서 하루를 보냈습니다. 목요일에는 점심때가 다 되어 아침밥을 먹고 엄마와 쇼핑을 하러 나갔습니다. 과장된 예시지만, 때로는 이런 과장이 이해를 쉽게 돕습니다.

이렇게 불규칙적인 생활 속에서 아이는 내일은 어떤 새로운 날이 될까 기대하는 것이 아니라, 알 수 없는 두려움에 사로잡힙니다. 그리고 늘 불안해합니다. 예측할 수 없다는 것은 이 세상이 '내 마음과 같이 돌아가지 않는다'는 것을 경험하는 것입니다.

정서적 불안감뿐만 아니라 육체적 건강에도 문제가 생깁니다. 아무 때나 먹고 자는 생활은 건강한 생활 습관이 아닙니다. 육체적 · 정신적 건강의 조화를 추구하는 것이 바로 리듬 생활입니다.

리듬 생활은 무언의 약속이 지켜지는 생활입니다. 비슷한 시간대에 밥을 먹고, 비슷한 시간대에 활동을 하고, 비슷한 시간대에 잠을 자는 규칙적인 일상을 통해 바로 다음 일을 예측할 수 있게 합니다. 그래서 내일도 모레도 글피에도 **어김없이 같은 패턴으로 하루가 돌아갈 것이라는 예측**을 가능하게 합니다. 그러면 세상은 믿을 만한 곳이라고 느끼게 됩니다. 예측할 수 없을 때에 느끼는 것들과는 정반대입니다.

약속이 없는 세상 또는 약속이 자꾸 번복되는 세상은 예측할 수 없습니다. 그런 세상은 믿을 만한 곳이 아니며, 아이에게 그런 세상은 적이 됩니다.

불규칙한 생활을 하는 아이들은 "엄마! 나 OOO 언제 해 줄 거야?", "아빠! 우리 OOO 언제 갈 거야?"라는 질문을 자주합니다. 그것도 짜증 섞인 목소리로 말합니다. 그 아이들에게 이 세상은 믿기 어려워 언제 다시 내가 원하는 것을 할 수 있을지 모르기 때문에 그렇습니다. 많은 부모들이 지키지 못할 약속, 지킬 마음도 없는 약속들을 하고 잊어버리거나 지키지 않습니다.

아이들에게는 같은 패턴이 반복되는 리듬 생활을 통해 무언의 약속이 지켜지는 경험이 쌓이게 됩니다. 그런 아이들은 앞의 질문들을 하지 않습니다. 만일 토요일 오후에 간식으로 떡볶이를 준비하는 집이라면 아이는 언제 떡볶이를 해줄 것인지, 왜 떡볶이를 안 해주냐고 짜증을 내며 떼를 쓸 필요가 없습니다.

왜냐하면 매주 토요일 오후에는 떡볶이 간식을 해준다는 무언의 **약속이 지켜지고** 있을 테니까요. 따라서 리듬 생활은 아이에게 정서적인 안정을 제공하는 신뢰할 수 있는 약속이기도 한 것입니다.

육체적 반복에 의해 갖게 되는 정신력

의무적으로 하던 행위를 지속적으로 반복하여 습관이 되면 그 행위는 더 이상 힘이 들지 않습니다. 더 이상 의무도 아니게 됩니다. 유년기에 이런 경험을 많이 하는 것은 중요한데, 그 이유는 자존감과 행복감에 큰 영향을 미치기 때문입니다.

한 아이가 진흙밭에서 한참을 뒹굴며 두꺼비집을 만들고 놀다가 집에 들어갔습니다. 엄마는 아이에게 줄 딸기를 간식으로 준비해 놓고 기다리고 있었습니다. 아이가 딸기를 먹으려면 먼저 손을 씻어야 합니다. 손을 씻지 않고 딸기를 먹는다면 손에 묻어 있던 흙가루가 같이 씹혀서 도로 뱉어야 할 것입니다. 삼킨다 해도 몸에 탈이 날지도 모릅니다.

진흙밭에서 놀기, 딸기 먹기는 의무적인 행위가 아닙니다. 그것은 아이가 원해서 기꺼이 하는 활동입니다. 그러나 손 씻기는 의무에 해당합니다. 만약 외출 후 집에 오면 손 씻는 습관이 아직 들지 않았다면 상당히 귀찮고 내키지 않는 의무적 행위에 해당합니다. 그러나 아이는 자신이 원하는 딸기를 먹기 위해 먼저 손을 씻어야 합니다. 딸기를 맛있게 먹기 위해, 자신의 건강을 위해 말입니다.

외출 후 집에 오면 손 씻는 것이 **당연한** 사람에게는 손 씻기는 의무가 아닙니다. 오히려 딸기를 맛있게 먹을 생각에 콧노래를 부르며 씻을 것입니다. 일상적인 습관이 되어 그것을 하는 것이 당연할 때 할 수 있는 경험입니다.

또 다른 예로 다음의 것들이 있습니다. 피아니스트가 독방에서 혼자 앉아 장시간 **해야만 하는** 피아노 연습은 고되고 힘듭니다. 그러나 곧 있을 연주회에서 관객들과 음악을 함께 나눌 생각을 하면 연습하는 시간이 즐겁습니다. 집 청소는 귀찮은 일이지만 외출하기 전에 깨끗이 치워 놓고 나가면, 밖에서 고단한 하루를 보내고 돌아왔을 때 편히 쉴 수 있습니다.

딸기가 먹고 싶다는 욕구에 사로잡혀 진흙을 갖고 놀던 손을 씻지 않는다면 지금 당장은 편할 것입니다. 그러나 딸기와 함께 씹히는 흙을 맛보며 더 이상 딸기를 먹지 못할 것입니다. 순간적인 만족을 취하느라 결국 목표를 이루지 못하는 사람들의 전형적인 모습입니다.

이런 사람들은 진짜 행복을 순간적인 가짜 행복과 맞바꿉니다. 그런 그들의 불안감은 높아집니다. 자기 전에 귀찮아 양치질을 하지 않으면서도 치아 건강을 걱정하는 것처럼 말입니다. 학교 숙제를 계속하지 않으면서 선생님께 혼날까 봐 매번 걱정하는 아이는, 어른이 되어서도 이런 근시안적인 행동 패턴을 무의식적으로 반복합니다.

학생이 아닌데도 숙제가 많은 사람들이 있습니다. 진학, 취업, 결혼, 출산 등을 숙제 같은 의무로 생각하는 사람들은 자신의 리듬 생활을 점검해 볼 필요가 있습니다. 하지 않아도 되는 행위를 무의식중에 하루 일과에 끼워 넣어 무한 반복하고 있지는 않은지 말입니다.

그런 해로운 반복을 멈추면 자신이 원하는 것을 생각할 수 있는 **시간이 생깁니다**. 해로운 반복을 멈추지 않는다면 끝없는 압박감 속에서, 존재하지도 않는 자기 마음속의 선생님한테 혼날까 봐 걱정하는 불안감을 떨쳐 내기 어려울 것입니다.

건강한 리듬 생활에 의해 만들어진 유익한 습관은 결국 우리의 삶을 보다 더 안전하고 윤택하게 만들어 줍니다. 자기 전에 하는 양치질처럼 작은 행위라도 습관이 되면 힘들이지 않고 건강을 책임질 수 있습니다. 또한 의무로 했던 행위는 더 이상 의무나 귀찮은 일도 아니게 됩니다.

자신의 행위가 유익하게 작용하는 것을 경험할 때 자부심을 갖게 되고 자존감도 높아집니다. 반대로 자신의 (많은 경우 무의식적인) 행위가 유익하지도 않고, 심지어 스스로를 망가뜨린다면 좌절하고 자존감도 낮아집니다.

어쩔 수 없이 해야 하는 의무가 많은 삶은 스스로를 괴롭게 합니다. 그러므로 어릴 때부터 건강한 반복, 리듬 생활을 통해 좋은 습관 들이기를 하나씩 시작하는 것이 좋습니다. 어른이 되어 한번에 너무 많은 의무를 이행해야 되는 상황에 처해 결국 포기하는 일이 없도록 하기 위해서 말입니다.

유익한 반복 활동과 해로운 반복 활동

리듬에 의해 반복되는 일상생활은 세상을 신뢰할 수 있는 기반이 됩니다. 한 사람의 미래는 여러 가지 요인으로부터 복합적인 영향을 받습니다. 그중 큰 영향을 미치는 요인이 바로 '유년기에 무엇을 겪으며 그 시기를 어떻게 보냈나'일 것입니다. 아이의 생활은 대부분 양육자에 의해 이루어집니다.

늘 같은 패턴이 규칙적으로 반복되어 뒷일을 예측할 수 있는 것이 정서 안정에 도움이 되지만, 잘못 사용되는 경우도 자주 볼 수 있습니다. 해로운 반복 활동을 지속하는 것은 리듬 생활이 될 수 없습니다.

일정한 간격으로 규칙적으로 식사를 하고 잠을 자는 것은 육체와 정신 건강에 매우 유익합니다. 그러나 우리는 **자신도 모르게** 해로운 활동을 하면서 살고 있습니다. 자신도 모른다는 것은 무의식적으로 한다는 의미입니다. 그것이 바로 습관인데, 습관에는 유익한 습관이 있지만 해로운 습관도 있습니다.

TV 시청을 **할 때마다** 손톱 물어뜯기, 의자에 **앉을 때마다** 다리 떨기 또는 다리 꼬기, 책을 **볼 때마다** 엎드려서 보기, 이야기를 **할 때마다** 남 욕하기, 밥을 **먹을 때마다** 먹고 싶은 반찬만 골라 먹기 등. 똑같은 행동이 반복되는데, 그것이 무의식적이고 육체와 정신 건강에 유익하지 않다면 그것을 두고 리듬 생활이라고 하지 않습니다. 그것은 건강한 리듬이 깨진 생활입니다.

정서가 불안하면 다리를 떨거나 손톱을 물어뜯기도 합니다. 부정적인 경험이 반복되는 사람은 부정적인 시각이 자리 잡히면서, 자신도 모르게 모든 이야기를 부정적인 방향으로 이끌어갈 수 있습니다. 먹고 싶은 반찬만 골라 먹는 행동 역시 이기적인 행동이므로 해로운 반복 활동입니다.

해로운 반복 행동들이 각 개인의 사회성에 미치는 영향은 상당히 큽니다. 그런 사람들 곁에는 사람들이 다가가기 쉽지 않습니다. 해로운 습관은 리듬 생활이 제대로 이루어지지 않고 있음을 알리는 신호입니다. 안타깝게도 자신의 습관을 스스로 알아차리는 것은 쉽지 않습니다. 그래서 우리는 옆 사람의 말에 귀를 기울이는 습관도(!) 들여야 합니다.

유익한 습관은 처음부터 무의식적으로 할 수 없는 것들입니다. 나도 모르게 하던 행동들을 지양하고 하지 않았던 행동들이 습관이 되게 하려면, 의식했다가도 잊어버리고 또 다시 의식했다가 잊어버리는 무한 반복의 과정을 거치게 됩니다. 해야만 한다는 의무감에 사로잡히면 그것을 할 때마다 어렵고 힘이 듭니다. 그래서 유익한 습관을 갖게 해줄 리듬 생활을 아주 어린 시절부터 시작하는 것이 좋습니다.

어릴 때는 의무적으로 해야 할 활동이 거의 없습니다. 그저 잘 먹고 잘 자고 잘 싸면 되겠죠. 그 시기에는 먹는 때와 잠자는 때를 적당한 간격을 두고 서서히 적응하게 합니다. 그러면 그 규칙성을 아이가 몸으로 알 수 있게 됩니다.

아이가 스스로 숟가락을 들 수 있게 되면 식사 전에 손 씻기, 잠자리 들기 전에 양치질하기 등 한두 가지의 리듬 생활을 만들어 줍니다. 그 행동들을 힘들이지 않고 하게 되었을 때 비로소 습관이 됩니다.

나이를 한 살씩 먹을 때마다 한두 개씩 습관을 들이는 것이 좋습니다. 해야 할 일들이 **조금씩 서서히** 생기는 것이기 때문에 하는 데 무리가 되지 않기 때문입니다. 만일 6~7세가 되어 갑자기 유익한 습관을 들이려 한다면 한두 개가 아닌 여러 개를 한꺼번에 해야 합니다. 결국 부모는 포기하거나 화를 내는 일이 벌어집니다.

또 하나, 우리는 무의식중에 아이들에게 멀티태스킹(한번에 여러 가지 일을 동시에 처리하는 것)을 요구합니다. '똑바로 앉아서 먹어'라든지 '천천히 조심히 가'라고 말합니다. 그런 말을 하는 어른들 역시 말을 하면서 무언가를 행하는(한 가지 행동만이 아닌) 중입니다. 이것저것 멀티태스킹하는 어른이 요구하는 것을 아이는 온전히 받아들이지 못합니다.

아이에게 습관 들이기가 유난히 힘들다는 생각이 든다면 부모가 혹시 멀티태스킹하며 요구하고 있는지 살펴보아야 합니다. 또는 이미 무언가를 하고 있는 아이에게 하나를 더하라고 요구하는 것은 아닌지 살펴보아야 합니다. 유년기 아이는 멀티태스킹하는 것이 어렵습니다. 어른 역시 멀티태스킹을 하다가 종종 일을 그르칩니다. 가령 운전을 하면서 동시에 휴대폰을 사용하다가 교통사고를 내듯이 말입니다.

어른들 중에는 잠자리에 들기 전에 양치질을 하지 않는 사람들도 있고, 현관에 신발을 아무렇게나 벗어 놓는 사람들도 있습니다. 여러 사람이 방문하는 장소에서 신발을 아무렇게나 벗어 놓으면 뒤에 들어오는 사람은 신발을 벗을 자리가 마땅치 않습니다. 그렇기 때문에 유익한 습관은 사회성과도 연관이 되는 것입니다.

여러 세대가 함께 모여 사는 아파트나 빌라 등에서 냄새가 심한 쓰레기를 현관문 앞에 내놓았다가 나중에 갖다 버리는 행위 역시 해로운 습관입니다. 그것은 이기적인 행동입니다. 아마도 그런 사람들의 경우 나쁜 의도보다는 의식하지 않은 상태에서 그런 행동을 합니다.

유익한 습관, 유익한 반복 활동은 의식을 하는 데서부터 출발합니다. 한번에 여러 가지를 의식하는 것은 어려우므로 하나씩 차근차근 시작해야 합니다. 그것이 습관이 되기까지 많은 노력과 시간이 필요할 것입니다.

습관은 기술 익히기

저와 만나는 아이들은 피아노 앞에서 가끔씩 저를 시험합니다. "선생님, 제가 지금 어떤 음을 눌렀는지 맞혀 봐요!" 그리고는 "우와~ 어떻게 알았지?" 합니다. 무언가를 힘들이지 않고 '그냥' 할 수 있기까지는 엄청난 시간이 필요합니다.

제가 자유롭게 악보를 볼 수 있기까지 저의 선생님들은 제게 건반을 보지 말고 정면에 있는 악보를 보고 연주할 것을 **끊임없이** 요구했습니다. 말귀를 못 알아듣는 것이 아니라 '아직' 두 가지 행위를 동시에 수행하는 것이 어렵기도 하고 습관이 안 되어 자꾸 잊어버렸기 때문입니다.

습관을 들이는 일은 이렇게 새로운 기술을 익히는 것과도 같습니다. 특히 어린 나이에 어떤 행위를 의식하는 것은 굉장히 어렵습니다. 때문에 옆에서 끊임없이 상기시켜 줄 사람이 필요합니다. 그 사람이 바로 부모나 교사입니다. 많은 부모들이 **짜증 섞인 말투**로 "넌 도대체 몇 번을 말해야 알아듣니!"라며 아이들에게 모욕을 주고 거기에 수치심까지 안겨 줍니다.

그동안 해본 적 없는 행위를 **의식하지 않아도** 할 수 있기까지는 얼마나 긴 시간이 필요할까요? 저의 경우, 피아노를 연주할 때 건반을 보지 않고 악보만 바라보며 칠 수 있기까지 10년 이상이라는 시간이 필요했습니다.

재미있는 이야기를 하나 해드리죠. 저는 아마추어 리코더 오케스트라를 지휘합니다. 단원들은 모두 어른들입니다. 정기적으로 모여서 연습을 하는데 모일 때마다 저는 마치 꿈을 꾸는 건가라는 생각이 들곤 합니다. 왜냐하면 분명히 지난 시간에도, 지지난 시간에도, 3개월 전에도 같은 이야기를 했는데 오늘 만나서 단원들의 연주를 들으면 마치 그동안 제가 아무 이야기도 안 한 것처럼 연주합니다. 다 큰 어른도 새로운 습관을 들이는 것이 이렇게 어렵습니다.

무대에 올라가기 직전에 제가 똑같은 말을 무한 반복하면 아마추어인 단원들은 그럴싸한 멋진 연주를 해냅니다. 제가 지휘자 1년차였을 때는 "**도대체** 거기서 **왜 자꾸** 그러시는 거예요! 거기서 제가 숨을 쉬시라고 **몇 번을** 말해요!"라며 화를 많이 냈습니다. 그러다 문득 저의 올챙이 적 시절을 떠올리며 습관을 들이는 것이 얼마나 어려운 것인지를 새삼 이해하게 되었습니다. 단원들은 제가 당신들을 포기했다고 우스갯소리를 하곤 합니다. 제가 단원들에게 화내는 습관을 버릴 수 있었던 건 무수히 이야기해도 겨우 가랑비에 옷 젖듯이 서서히 스며든다는 것을 알았기 때문입니다.

여러 번 같은 이야기를 듣는 사람은 어떨까요? 듣는 사람은 여러 번 반복하는 것에 스트레스를 받는 것이 아닙니다. 그 이야기를 **할 때마다 짜증을 내며** 모욕을 주는 말 때문에 스트레스를 받습니다.

아이들에게 유익한 습관이 들기 바란다면 짧은 시간에 많은 것이 이뤄지길 바라지 마십시오. 오랜 기간 곁에서 가랑비처럼 스며들 수 있는 말을 해주는 것이 좋습니다.

제가 피아니스트가 된 이유는 피아노를 잘 쳐서가 아니라 피아노 치는 것을 그만두지 않아서입니다. 전공생 시절에 꼴찌로 입학했을 정도로 피아노를 뛰어나게 잘 치는 학생이 아니었지만, 졸업 후에도 그만두지 않아 실력 면에서 발전을 했고 은사님도 그것을 알아봐 주셨습니다. 아무리 앞서 출발했거나 뒤에서 출발했어도, 가다가 멈췄는지 계속하고 있는지에 따라 도착하는 순서가 달라집니다. 실로 반복의 힘은 어마어마하게 큽니다.

여러분들도 이 책을 읽으시면서 새로운 습관을 들이는 것이 얼마나 오랜 시간을 필요로 하는지 다시 한 번 경험하게 될 것입니다.

실수의 반복은 실수를 사라지게 한다

저는 초등학생 때부터 하던 실수를 아직도 하는 것이 있습니다. 무대 위에 그렇게 여러 번 섰으면서도 (관객들이 잘 눈치채지 못하지만) 꼭 실수를 합니다. 단, **실수를 많이 해본 경험이 실수를 해도 당황하지 않는 법을 나름대로 잘** 터득하게 해주었습니다. 덕분에 실수한 그 순간이 실수처럼 보이지 않는다는 것이죠.

서툴러서 하는 실수를 허용하지 않으면 감정이 억압됩니다. 제 경험담입니다만, 어릴 적에는 피아노 치는 것이 마음처럼 잘 안 되고 실수를 자꾸 했었습니다. 가뜩이나 속상한 저에게 선생님은 "왜 똑바로 못하냐"며 심하게 짜증을 내면서 가르쳤습니다. 그 선생님이 너무 싫은 나머지 저는 소심한 복수를 하고자 가르쳐 주시는 것을 일부러 계속 틀렸습니다.

선생님과 싸워서 이길 자신은 없고 대신 선생님을 더 화나게 만들어 보자는 것이 어린 저의 의도였습니다. 저의 이 미성숙한 행동은 결국 선생님의 짜증을 더 키우다 못해 격노하게 하였고, 그 화는 고스란히 저에게 돌아왔습니다.

이처럼 실수를 허용하지 않을 경우 엉뚱한 복수심이 생기거나, 실수하는 것 자체를 결함으로 여겨 자신의 실수를 스스로 용납하지 못하는 일이 벌어집니다. 상상 속에서나 가능한 이상적인 완벽을 추구하면 그렇게 됩니다. 또 어떤 경우는 실수가 두려워 행위 자체를 아예 포기하기도 합니다.

이제 막 피아노를 배우기 시작한 아이에게 한 곡 들려 달라고 하면, 싫다고 하거나 칠 수 있는 게 없다고 거짓말을 합니다. 마치 영어를 알면서도 틀릴까 봐 말을 하지 않는 우리처

럼 말입니다.

유리나 사기그릇을 깨본 아이는 대략 6~7세쯤 되어 그런 재질의 물건을 점점 더 조심스럽게 다룰 줄 알게 되고, 바지에 실수를 해본 아이들은 계속되는 경험으로 인해 점점 그 실수를 줄여 나갑니다.

실수는 몰라서, 미숙해서, 긴장해서 혹은 내 의도와 상관없이 벌어지는 일입니다. 또한 같은 실수가 어느 정도 반복되면 어느새 그 실수는 사라지기 마련입니다. 물론 단번에 사라지는 실수도 있습니다. 그러므로 실수를 허용할 줄 알아야 합니다. '아이는 실수한다'는 사실을 염두에 두고 실수를 허용하는 것이 양육이자 교육입니다.

4장

몰입과 집중

베이비 붐 세대와 에코 세대
자연스러운 몰입
인위적인 몰입
중독된 무의식적 행동 - 모든 물꼬는 부모가 튼다
몰입과 집중

베이비 붐 세대와 에코 세대

베이비 붐 세대(한국전쟁 직후 약 50년대 초반에서 60년대 초반 사이에 태어난 세대)와 그들의 부모 세대가 경험한 세상은 상당히 혼란스러웠습니다. 그들에게는 그들의 혼란을 정리해 줄 **틀**이 필요했습니다. 처음 당하는 큰일 앞에서 뭐라도 붙들고 싶은 그런 마음이었던 것이죠. 그들은 당시 사회 분위기에 의해 형성된 틀에 의지해 살면서, '틀이 나를 지켜 준다, 틀을 벗어나는 것은 곧 위험한 일'이라고 믿게 되었습니다.

그 틀은 말 그대로 하나의 '형식', 'form'이며 그것을 따르는 것은 '폼'나는 일이었습니다. 예를 들면, '학력이 일자리를 마련해 주며 학력이 높을수록 잘 먹고 잘살 수 있다'는 틀이 그것입니다. 그 틀을 철저히 믿고 따르는 것이 자신이 무엇을 원하고 무엇을 좋아하는지보다 더 중요한 일이었습니다.

학력으로 일자리를 얻을 수 있었던 시대에는 일자리를 구하는 데 필요한 학위가 전부였습니다. 그러나 에코 세대(베이비 붐 세대가 메아리처럼 출생 붐을 일으켜 태어났다는 의미로 70년대 중후반부터 90년대 초반 사이에 태어난 세대)가 태어나면서부터는 학위가 아니라 '배운 것을 다양하게 활용할 줄 알거나 스스로 체득할 줄 아는(경험 많은)' 사람이 자기가 원하는 일을 할 수 있는 시대가 열렸습니다. 슈타이너가 강조하는 자유를 누릴 줄 아는 인간의 모습이 이것입니다.

학위나 지식으로 얻을 수 있는 일자리는 이미 베이비 붐 세대에 의해, 에코 세대 이전 세대에 의해 포화상태가 되었습니다. 학위나 지식만 갖춘 사람이 아니라 '스스로 생각할 줄 아는' 능력이 있는 사람이 스스로 만족하는 삶을 사는 시대입니다.

'대학까지 보내 놨는데'라며 아직 일자리를 구하지 못한 자녀를 보며 한탄하거나 (학사 학위로는 부족해서 공부를 더 시켜야 취직이 되는 것이냐며) 결국 돈 있으면 취직할 수 있는 것이 아니냐는 돈의 논리에 사로잡힌 베이비 부머들이 있다면, 그들의 가장 치명적인 실수는 '자신만의 기준' 없이 살았다는 것입니다.

혼란스러웠던 시대를 살면서 겁을 먹은 나머지 누군가의 생각에 자신의 몸과 마음을 맡긴 채 살았던 것입니다. 시대의 흐름 속에서 스스로가 생각의 주체가 되어 보지 못한 채 살았다는 뜻입니다.

그들은 자신의 생각대로 행동하는 것은 틀을 벗어나는 일이고, 틀을 벗어나는 것은 위험하다고 여겼습니다. 그래서 자신을 그 틀 안에 맞추는 일에 집중하느라 서서히 자신이 원하는 것을 잊어버렸습니다. 그런 부모 밑에서 성장한 에코 세대라면 자신이 원하지 않는 일을 억지로 참아내며 할 가능성이 높습니다. 또는 원하는 일이 무엇인지도 모른 채 헤맬 가능성이 높습니다.

자신들이 알고 있는 그 틀 안으로 자녀를 들여놓기 위해, 꿈을 위해서가 아니라 일자리를 위해 진학해야 한다고 믿고 우겼던 부모들은 에코 세대 자녀들에게 두 가지의 큰 잘못을 저지른 셈입니다. 한 가지는 자녀에게 견디기 힘든 수준의 인내를 요구하면서까지 스스로를 쓸모없게 만드는 일을 하게 한 것입니다. 또 다른 한 가지는 자녀가 무엇을 원하는지 모르는 상태로 어른이 되게 한 것입니다.

심리학자 너새니얼 브랜든은 《자존감의 여섯 기둥》에서 이렇게 말합니다. "남성이든 여성이든 무의식적으로 사는 사람이 받는 벌칙 중 하나는 자기가 의식적으로 검토하거나 선택한 적 없고 스스로를 쓸모없게 만드는 일에 봉사하면서 보람 없는 삶을 견뎌야 한다는 것이다."

부모가 된 에코 세대가 명심해야 할 것이 있습니다. 틀이 나를 지켜 주는 시대는 끝났다는 것입니다. 그러나 이것은 절망의 메시지가 아닌 희망의 메시지입니다. 왜냐하면 더 이상 자신과 맞지 않는 틀에 힘들게 맞추지 않아도 되기 때문입니다.

학위'만' 가진 사람과 생각할 줄 아는 사람은 다릅니다. 고학력자를 폄하하는 것이 아닙니다. 고학력자 중에서도 뜻이 있어서 자신이 원하는 공부에 몰입한 사람과, 틀이 정해 놓은 폼나는 삶을 위해 'form'에 집중해 공부를 한 사람은 다르기 때문입니다.

종종 피아노 학원 운영을 숨기고 싶어할 정도로 부끄럽게 여기는 석 · 박사 학위를 가진 사람들을 봅니다. 자기 신념과 기준이 없으면 부끄럽지 않은 일에 부끄러워하고, 부끄러운 일에 부끄러워하지 않습니다. 외부의 틀은 자신의 생각이 아닌 외부의 생각을 실현시키기 위해 존재합니다. 자신의 기준과 틀만이 자신의 생각을 실현시킵니다. 베이비 부머들의 폼나는 인생은 자신이 원했던 것이 아니라 사회적 분위기에 지배당한 인생이었습니다. 스스로 생각의 주체가 되지 못한 채 보이는 것에만 신경을 썼던 그 분위기에 말입니다.

지금 시대에는 베이비 부머들의 폼나는 인생을 따라하면 할수록 더 큰 고통을 받습니다. 보여 줄 것 하나 없는 초라한 자기 자신을 발견하게 되기 때문입니다. '보여 줄 것'이란 자신의 생각, 신념, 기준을 뜻합니다. 이것이 없다는 것은 마치 재산이 한 푼도 없는 것과 같습니다.

생각과 신념은 자기 자신을 창조적으로 움직이게 하는 원동력입니다. 지금은 바로 이 재산을 가지고 있을 때 만족스러운 삶을 살며 잘 먹고 잘 사는 시대입니다. 앞으로 더욱 그럴 것입니다. 이 책을 읽는 독자들 중 베이비 붐 세대라면 대학 졸업장을 가지고 있는 자녀들이 자신이 원하는 것을 잘 찾았는지, 아니면 시류에 몸을 맡긴 채 보람 없는 일에 봉사하며 살고 있는 것은 아닌지 잘 보시기 바랍니다.

대학을 가는 것이 자녀의 개인적인 꿈이 아닌 사회적 틀에 맞추기 위한 것이었다면, 부모가 원하는 일을 자녀는 하지 못할 것입니다. 또한 부모가 바라는 만큼의 수입도 기대할 수 없을 것입니다. 그러나 그런 결과들이 전혀 이상하지 않습니다. 왜냐하면 부모가 '자기 생각과 자기 기준 없이' 살면서 동시에 자녀의 생각과 기준을 지워 버린 결과이기 때문입니다. 세습에는 물질적인 세습만 있는 것이 아니라 그보다 더 무서운 '생각의 세습'이 있습니다. 자식이 모자란 사람이라서, 부모의 경제적 능력이 부족해서 그런 것이 아닙니다.

에코 세대라면 자신이 지금 어떻게 살고 있는지 살펴봐야 합니다. 고학력이 곧 잘 먹고 잘 사는 길이라는 공식은 에코 세대가 태어나면서 사라지기 시작했으며, 이제는 옛 이야기가 되었습니다. 학사, 석사, 박사들로 모자라 유학파들에게 둘러싸여 살고 있는 저는 그것을 누구보다 실감합니다.

스스로 생각하지 않는 사람에게 학위는 무용지물입니다. 스스로 생각의 주체가 될 수 있어야 잘 먹고 잘 사는 시대입니다. 유년기에 자연스러운 몰입을 충분히 경험하게 함으로써 그러한 사람으로 키울 수 있습니다.

자연스러운 몰입

한 아이가 학교 가는 길에 우연히 땅 위를 기어가는 개미를 발견하였습니다. 개미가 움직이는 것이 너무 신기한 나머지 계속 개미의 동선을 바라보았습니다. 아이는 자기가 '지금 학교에 가는 중이었다'는 사실을 까맣게 잊은 채 개미 앞에 쪼그려 앉았습니다. 자기도 모르게 그만 그렇게 된 것입니다. 이것이 **몰입**입니다.

이 아이는 지각을 할지도, 그래서 선생님이나 부모님께 혼이 날지도 모릅니다. 하지만 개미의 동선에 몰입하고 있는 지금 이 순간 아이는 지각이나 혼날 것에 대한 걱정을 전혀 하지 못합니다.

누군가가 이 아이에게 "이제 그만 학교 가자!"라고 몰입을 방해하지 않는 한, 개미의 움직임보다 더 매력적인 것이 눈에 띄지 않는 한, 개미가 작은 구멍으로 숨어 들어가 아이 눈에 더 이상 보이지 않는 한, (자신이 해야 할 중요한 일인) 스스로 학교에 가야 한다는 생각을 하기 어렵습니다. 만일 지각해서 혼나는 뒷일을 생각했더라면 이 아이는 애초에 개미는 물론이고, 등굣길에 보이는 그 어떤 것에도 몰입하지 못했을 것입니다. 등교해야 한다는 의무에 **집중**했다면 말입니다.

아이가 개미를 발견한 순간에 '만약 내가 이 개미를 보다가 지각하면 어떡하지? 지각하면 선생님이 엄마한테 말할지도 몰라. 그럼 난 엄마한테 혼날지도 몰라' 하고 많은 생각을 했다면 가던 길을 갔을 것입니다. 학교에 가는 중이라는 사실에만 집중하고 말이죠.

만일 유년기에 늘 정신을 바짝 차리고 집중만 하며 살면서 어른이 되면 무슨 일이 벌어질까요? 이 세상의 아름다움이나 신비로움을 발견하지 못할 것이고, 사랑에 빠지기도 어려울 것입니다. 일어나지 않을 수도 있는 뒷일을 생각하느라 해보고 싶은 것을 하지 못하는 일이 벌어집니다.

무엇을 시작하기도 전에 결과 먼저 따지느라 그 행위에 빠져들지 못하는 경우가 있습니다. 이는 우리의 삶을 무미건조하게 경우에 따라서는 괴롭게 만들기도 합니다.

우연히 물웅덩이를 본 어린 아이는 그 속에 들어가 옷을 다 적셔 가며 물놀이를 합니다. 뒷일을 생각하지 않고 말이죠. 이것이 몰입입니다. 그런데 많은 어른들은 아이들처럼 하지 못합니다. '지금 여벌로 가지고 있는 옷도 없고, 물에 옷이 젖으면 한참을 말려야 될 텐데'라는 생각으로 구경만 합니다.

이것저것 해야 할 의무가 많은 사람은 몰입이 어렵습니다. 의무 때문에 '다른 생각'을 할 겨를이 없습니다. 가령, 부모로부터 동생들에게 본보기가 되는 의젓한 큰형이 되라고 강요당하는 환경에서 자랐거나, 강한 도덕적 잣대를 들이미는 어른들과 함께 생활했다면, 그리고 '남들처럼 살기'에 집중한 부모와 생활했다면, 자신을 잠시 타인의 시선으로부터 자유로워지게 놔두는 것이 어렵습니다. 자신이 원하는 대로 해보는 것이 어렵습니다.

통제를 당하듯이 부모의 많은 요구사항을 충족시켜야만 하는 아이들은 이것저것 따지느라 몰입하지 못하게 됩니다. 물론 타고난 성향에 따라 불안감이 크고 생각이 많을 수도 있습니다. 여기서는 후천적으로 몰입이 어려운 이유에 대해 이야기하는 것입니다. 문제는 그렇게 자란 어른들이 자신의 자녀에게도 자연스러운 몰입을 쉽게 허락하지 않는 경우가 많습니다. 실제로 일어날지 안 일어날지도 모를 확실하지 않은 뒷일에 대한 생각이 너무 많아서 그렇습니다.

등굣길에 개미에 몰입한 아이처럼, 어릴 때 내가 원하는 것에 몰입해 일단 시작하고 시행착오를 많이 겪은 아이는 어른이 되어서는 자신의 길을 찾고 그것에 집중하게 됩니다.

에코 세대의 잦은 이직은 어릴 적에 시행착오를 못해 봤기 때문입니다. 스스로 생각하지 못하는 부모가 정해 준 틀에 어렸을 때부터 집중하느라 미처 하지 못했던 딴짓과 실수들을 어른이 되어서야 하고 있는 것입니다.

유년기 아이들에게 과도한 선행 학습을 시키는 경우가 많습니다. 학교에 입학해서 학습을 따라가지 못할까 봐 조바심이 난 부모들이 그렇게 시킵니다. 그러나 이 시기는 아름다움과 신기함을 발견할 수 있는 몰입이 필요한 때입니다.

아이를 수목원에 데리고 가서 아이가 직접 느낄 시간도 주지 않고, 식물들을 손으로 가리키며 냄새를 맡아보라고 시킵니다. 그리고 그 이름과 특징을 설명해 줍니다. 이렇게 아이에게 자연스럽게 몰입하는 것을 허락하지 않습니다.

유년기 아이들에게 자연스러운 몰입이 중요한 이유는 그런 행위로부터 집중하는 힘이 생기기 때문입니다. 더 중요한 것은 몰입하는 순간 다양한 것을 **느낄 수 있기 때문**입니다. 감정을 깨우는 데 있어 몰입만큼 자연스럽고 쉬운 방법은 없습니다.

인위적인 몰입이 아닌 자연스러운 몰입을 자주해 본 아이에게는 그것이 커다란 **배움의 기회**가 되기도 합니다. 그러나 많은 부모들이 어렸을 때 무언가에 몰입하고 있는 것을 쉽게 허락하지 않습니다. 그리고는 '쓸데없는 짓 그만하라'고 말합니다. 몰입을 못하면 무엇을 알게 되더라도 '머리로만' 압니다. 내가 이 세상에서 직접 행동하는 사람이 되는 것이 아니라, 이 세상을 구경만 하는 사람이 되어 그렇습니다. 머리로만 아는 사람들은 사람을 만날 때조차 가슴이 아닌 머리로만 만납니다.

몰입은 실수할 기회를 줍니다. 실수는 어릴 때 많이 해봐야 합니다. 그런 기회가 적었던 아이가 어른이 되면 실수가 두려워 물속에 못 들어가고 발만 살짝 넣었다가 빼는 실수를 반복합니다. 그리고 늘 후회합니다. '하나라도 그냥 꾸준히 해볼 걸' 하는 후회를 말입니다.

인위적인 몰입

초대형 뮤지컬 〈시카고〉는 그 내용만으로는 관객이 공연에 집중하기가 어렵습니다. 그 사실을 잘 알고 있는 연출가는 두 시간짜리 이 공연에 사람들이 지루하지 않도록 다양한 장치들을 넣습니다. 관객들이 '내가 지금 외출해서 공연을 보고 있다'는 사실을 잊어버릴 정도로 공연에 몰입할 요소들을 곳곳에 끊임없이 배치합니다.

배우들은 시종일관 속옷에 가까운 타이트한 검정색 의상을 입고 있고 조명은 매우 화려합니다. 저는 〈시카고〉 공연이 있을 때마다 찾아가서 보는데, 개인적으로 열정적인 지휘자에 의해 연주되는 재즈 음악에 완전히 몰입됩니다. 그 짜릿함에 사로잡혀 공연 속의 다른 것들은 눈에 잘 들어오지 않습니다. 그러나 우리 집 남자들은 다릅니다. 그들은 노출이 많은 검정색 의상을 입은 여배우들의 움직임에 몰입한 나머지, 공연이 끝난

후 〈시카고〉가 어떤 내용인지 정확히 알지를 못합니다. 외부로부터의 인위적 요소에 의한 몰입 후에는 정작 중요한 것이 남지 않고 부차적인 것들만 남게 됩니다.

스스로 발견하고 몰입하는 것과 외부에서 만드는 인위적인 요소에 의해 몰입하는 것은 다릅니다. 전자는 집중력의 씨앗이 됩니다. 집중력은 한 가지를 잘하게 하며, 남의 이야기에도 귀 기울이게 하므로 사회성 발달에 큰 도움이 됩니다.

남들이 보지 못하는 것을 발견하고, 남들이 듣지 못하는 것을 들을 수 있는 것은 대단한 능력입니다. 이것은 사람을 볼 줄 아는 눈과도 연결이 되기 때문입니다. 한마디로 집중력은 우리가 이 세상에서 살기 위해 필요한 것입니다. 집중하지 못하면 봐야 할 것을 보지 못하고, 들어야 할 것을 듣지 못하는 일이 벌어집니다.

유년기에 자연스러운 몰입을 하며 지낸 사람이라면 그는 충분한 집중력을 갖게 됩니다. 그러나 유년기가 인위적인 몰입의 시간으로 채워진다면 이야기는 달라집니다. 아이들을 위한 공연들이 어떻게 진행되는지 볼까요. 결론은 어른들의 공연과 다르지 않다는 것입니다. 아이들은 꼭 필요한 것만 받아들이고 그것에만 반응할 수 있을 정도의 집중력을 갖추지 못한 상태입니다. 그런 아이들을 한 시간 가까이 한 자리에 앉혀 놓고 공연을 보게 하려면 어떻게 해야 할까요?

연출가는 아이들 자신이 무엇을 하는지 알 수 없게 만들어야 합니다. 그러려면 〈시카고〉의 연출가가 사용하는 기법이 아동용 공연에도 필요합니다. 말하자면 정신을 쏙 빼놓는 것이죠. 형형색색의 조명과 무대 장치, 다양한 음악, 배우들의 큰 동작, 큰소리 등으로 말입니다.

몰입이란 상대적으로 더 큰 자극을 따라 빠져들게 되는 것입니다. 인위적인 요소들에 의해 몰입되는 생활을 반복하는 아이들은 더 강한 자극을 필요로 합니다. 따라서 상대적으로 단조로운 일상 속에서 무언가에 몰입하기가 어렵게 됩니다. 이것은 단지 일상이 지루해지는 것만 의미하지는 않습니다. 왜냐하면 아이가 초등학교에 입학할 즈음이 되면 외부 자극 없이 한 자리에 앉아 있을 수 있어야 하고, 남의 이야기를 들을 줄 알아야 하기 때문입니다. 이런 행동은 집중할 때 가능합니다. 집중력은 자연스러운 몰입을 통해 길러집니다.

그 원리는 간단합니다. 등굣길에 개미에 푹 빠진 아이가 하고 있는 것이 무엇이었을까요? 바로 **관찰**입니다. 관찰하는 사람은 하나의 사물에서 여러 가지를 발견합니다. 관찰하지 않는 사람이 보지 못하는 것을 관찰하는 사람은 볼 수 있습니다.

인위적인 몰입을 할 때는 〈시카고〉를 관람할 때처럼 줄거리 같은 핵심 내용이 아닌 부차적인 것들 혹은 덜 중요한 것들이 더 남게 됩니다. 자신의 관찰에 의해서가 아니라 외부의 힘에 의해 수동적으로 주입되었기 때문입니다.

자연스러운 몰입을 할 때는 그 주체가 바로 자기 자신입니다. 내가 관찰하고 거기서 여러 가지를 발견합니다. 관찰은 발견하는 행위이며, 관찰할 줄 아는 사람에게는 집중력이라는 능력이 저절로 키워집니다. 이렇게 집중력은 재능이 됩니다.

인위적인 자극에 의해 몰입하는 생활을 하는 아이의 부모는 아이를 키우는 일이 더 많이 힘들어집니다. 왜냐하면 그 아이들은 타인의 말을 들을 줄 모르며, 인위적인 자극에 일찍 길들여져 일상이 지루해 더 강한 자극을 필요로 하기 때문입니다.

중독된 무의식적 행동 - 모든 물꼬는 부모가 튼다

많은 부모들이 유년기 아이들에게 스마트폰을 쥐어 주고는 거기에 몰입한 아이들을 보고 '집중력이 좋다'고 말합니다. 집중과 몰입, 그리고 자연스러운 몰입과 인위적인 몰입의 차이를 알게 된 독자들은 이 말이 잘못됐다는 것도 알아채셨을 겁니다. 다시 정리하면, 집중은 내 정신으로 의식적으로 하는 것이고, 인위적으로 몰입되었을 때는 자신이 지금 무엇을 하는지 모르는 상태로 하는 것입니다.

게임 중독자가 게임 전문가가 될 수 없고, 텔레비전 시청 중독자가 방송 전문가가 될 수 없듯, 거의 모든 부모가 20여 년이라는 세월 동안 자녀를 양육하며 보냈지만 육아 전문가가 되지 못하는 이유도 바로 거기에 있습니다.

한 가지를 오랜 세월 계속하다 보면 그 분야에서 전문가가 됩니다. 그러나 자신도 모르게 무언가에 휩쓸리며 사는 부모는 본인이 무엇을 하고 있는지를 모른 채 손주들까지 본인의 방식으로 키우려고 합니다.

자녀를 늘 남의 집 자녀와 비교하며 키웠는데 그것이 어떤 부정적인 영향을 미쳤는지 전혀 의식하지 못한 채, 손주 역시 남의 손주들과 비교하며 진학 문제에까지 개입합니다. 2대에 걸쳐 양육을 하고 있음에도 전문가가 아니라는 사실은 분명합니다. 이는 해로운 반복 행위를 의식하지 않은, 리듬 생활을 하지 않은 결과입니다.

휴대폰이 울리지도 않는데 수시로 휴대폰을 들여다보는 사람들이 있습니다. 디지털 기기는 물론 책을 비롯한 다양한 미디어들, 그리고 대형 마트, 대형 재래시장, 놀이동산, 난장판을 방불케 하는 영유아 단기수업 등 인위적으로 몰입하게 하는 것들은 도처에 널려 있습니다.

많은 부모들이 아이 뒤에 숨은 채 '아이가 좋아하니까'라는 말로 이런 것들을 아이들의 일상에 넣어 줍니다. 아이가 좋아한다고 그것이 아이의 건강에도 좋은 것은 아닙니다. 그것을 분명히 알아야 합니다. 유년기에 인위적인 몰입에 반복적으로 노출되는 것은 해로운 반복 활동입니다.

아이들은 아직 자신에게 무엇이 유익하고 해로운지를 모릅니다. 밥 대신 과자를 먹겠다는 아이, 안경 쓴 친구가 부러워 일부러 눈이 나빠질 행동을 골라하는 아이들이 그것을 반증합니다. 어른은 그래서 존재하는 것입니다.

집에서 요리하는 엄마 곁에서 엄마가 잠시 신경 쓰지 못한 사이에 아이가 혼자 밀가루를 뒤집어쓰거나 바닥에 엎어 놓고 노는 것과는 달리, 소금이나 밀가루가 대놓고 뿌려진 바닥 위에서 아이들이 '단체로 흥분상태'가 되어 난장판을 방불케 하는 영유아 단기수업들이 있습니다. 몸을 제대로 가누지 못한 채 뒹굴며 소리치다가 다른 아이와 부딪치기라도 하면 아파서 울고 짜증내며 싸움이 나는 그런 곳에 가보면 아이들만 인위적인 자극에 몰입해 있는 것이 아닙니다. 인위적인 자극 없이는 일상생활이 쉽지 않은 부모들도 볼 수 있습니다. 아이들은 정신없이 날뛰고, 엄마들은 내 아이가 정신없이 날뛰는 그 모습을 좋아합니다.

아이가 어떤 활동을 할 때 정말 신이 나서 했다면 그 활동이 끝나면 여유를 찾습니다. 그러나 만일 인위적인 자극들에 일일이 반응하느라 바빴던 아이라면 짜증을 내는 경우가 많습니다. 이때 엄마들의 반응이 재미있습니다. 여기서는 이렇게 잘 뛰어놀면서 집에 가려고 하면 걸으려 하질 않아 힘들다고 말합니다. 엄마들이 아이들에게 무엇을 하고 있는지 의식하지 못하는 매우 좋은 사례입니다. 아이가 좋아하는 건지 부모가 좋아하는 건지 잘 생각해 봐야 합니다.

인위적인 자극에 몰입된 채 하루를 보내는 부모라면 자신이 좋아하는 것이 자신의 건강에까지 좋은 것은 아니라는 사실을 알아차려야 합니다. 울리지도 않는 휴대폰을 수시로 들여다볼 정도라면 말입니다. 그런 부모는 아이에게 무엇이 유익하고 해로운지 걸러 줄 수가 없습니다. 그래서 늘 '아이가 좋아하니까'라는 말로 자신도 모르게 본인의 모든 행동을 합리화합니다.

거의 모든 물꼬는 부모가 터줍니다. 공연, 영유아 단기수업, 대형 마트, 휴대폰도 부모가 아니었다면 맛보지 못했을 것들입니다. 그런데 부모 자신이 무엇을 시작했으며 무엇을 반복하는지 모른다면 어떤 일이 초래되는지도 모릅니다. 그리고는 무턱대고 결과만 갖고서 화를 내는 일이 벌어집니다.

부모부터 자신이 좋아하는 행위가 과연 정말로 유익한지 먼저 살펴봐야 합니다. 그리고 나서 아이의 건강한 리듬 생활을 만들어 줄 수 있습니다.

몰입과 집중

몰입과 집중은 같은 뜻을 가지고 있는 것 같지만 조금 다릅니다. 자신이 하는 행위를 의식하고 있을 때, 지금 무엇을 하고 있는지, 중요한 것이 무엇인지 분명하게 알 때 '집중'한다고 할 수 있습니다. 그러니까 집중이라는 단어를 사용할 수 있는 경우는 명확합니다.

과녁을 겨냥하고 있는 사격 선수나 양궁 선수 또는 수술 중인 외과의사가 하고 있는 것이 '집중'입니다. 반면 어떤 행동을 하면서 자신이 지금 무엇을 하고 있는지 전혀 의식하지 못하거나, 머리와 의지를 마음대로 움직일 수 없고, 중요한 일이나 뒷일을 전혀 생각하지 않는 상태를 두고 '몰입'하고 있다고 할 수 있습니다.

이 둘의 차이를 아는 것은 아이의 리듬 생활에 넣어도 좋은 것과 그렇지 않은 것을 구분하는 데 큰 도움이 됩니다. **집중해**

야 할 또는 기꺼이 집중하고 싶은 일이 생기면 세상에 돌고 있는 유행을 따를 정신이 없습니다. 유행하는 것들에 신경을 덜 쓰게 됩니다.

이 점을 염두에 둔다면, 유년기와 청소년기의 아이들이 왜 유행에 민감한지 알 수 있습니다. 그 시기에 집중하고 싶을 정도로 중요한 일을 찾는 것은 흔한 일이 아닙니다. 물론 자신의 갈 길을 일찍 찾는 아이들은 분명 있습니다.

유행이란 일시적이며 흘러가는 것을 의미합니다. 흘러가는 것이니 유행은 어느새 과거의 것이 되어 버리기도 하고, 오랜 시간이 지난 뒤에 다시 돌아오기도 합니다. 유행을 전혀 따르지 않는 사람을 찾기는 어렵습니다. 유행에 극도로 민감해 시류에 휩쓸리며 사는 사람이 있는가 하면, 유행이 자기 삶에 큰 영향을 미치지 않는 사람도 있습니다. 후자는 유행에 덜 민감한 사람을 뜻합니다. 그럼 어떤 사람이 시류에 쉽게 휩쓸리고, 어떤 사람이 쉽게 흔들리지 않을까요?

자신의 삶에 유행이 더 이상 영향을 미치지 않게 되었던 적이 언제였는지 떠올려 보시기 바랍니다. 예를 들면, 아이를 출산하고 나서, 큰 병이 생겨 치료를 받게 되었을 때, 내가 분명히 원하는 것을 찾았을 때 등 살아가는 데 있어 **그것보다 더 중요한 일이 없게 되었을 때**입니다.

사람마다 집중하고 싶은 것을 찾는 시기는 각기 다릅니다.

그 시기가 빨리 찾아왔다고 훌륭한 것도 아니고, 늦었다고 문제가 있는 것도 아닙니다. 그 시기를 두고 결코 빠르고 느리다고 논할 수 없습니다. 어떤 사람은 자녀를 성인으로 다 키우고 나서야 찾게 되기도 합니다.

내 삶에서 기꺼이 집중하고 싶은 중요한 일을 찾는 사람들은 대체 어떻게 그런 것을 찾을 수 있었던 것일까요? 저는 여기서 난해하게 '운명'과 같은 단어로 이야기하지 않겠습니다. 물론 그것이 자신의 운명이었다고 믿고 싶은 분들도 계실 수 있습니다. 그러나 운명이라 해도 가만히 있는데 갑자기 생기는 것은 아닙니다. 직접 여러 가지를 경험해 보다가 만나게 됩니다. 그 무엇이든 경험하게 되는 것들을 직접 겪어 보는 것이 중요한 포인트입니다.

제가 피아노를 안 배웠다면 음악이 제 갈 길인 것을 무슨 수로 알 수 있었을까요? 시작할 때는 별다른 재미를 느끼지 않다가 직접 겪어 보니 내 것이라는 확신이 생겼습니다. 반면 제 동생은 저보다 더 어린 나이에 피아노를 배우기 시작했습니다. 꽤 오랜 시간을 고통스러워하며 자신과 맞지 않는다는 사실만 알게 되었습니다. 피아노를 배웠다고는 해도 지금도 악보 읽는 것을 어려워합니다. 하지만 결국 자신에게 맞는 것을 찾았고, 지금은 음악과는 전혀 무관한 일을 하고 있습니다.

삶에서 나에게 중요한 것과 만나려면 그것이 나에게 중요한지 아닌지 알아보기 위한 경험이 필요합니다. 어쩌면 남들이 하는 유행을 따라해 보는 것은 자신에게 중요한 것을 찾는 과정에서 일어나기도 합니다. 그러니 자신에게 맞는 것이 무엇인지를 알아보기 위한 과정이라고 해도 과언이 아닙니다.

제가 살고 있는 곳은 주말마다 남녀노소를 불문하고 많은 사람들이 오가는 곳입니다. 고등학교를 갓 졸업한 20대 초반으로 보이는 남녀들의 의상이 눈에 두드러지는데, 마치 교복이라도 입은 듯 여자들은 여자들대로 남자들은 남자들대로 거의 똑같은 디자인의 옷을 입고 있기 때문입니다.

체형이나 키와 상관없이 같은 스타일의 옷을 입은 그들을 보면, 그들이 아직은 자신에게 맞는 것이 무엇인지 정확히 알지 못해 '자신의 스타일'을 **찾는 과정 중**임을 알 수 있습니다. 내 것을 찾기 위해 헤매는 과정입니다. 그래서 유행을 따르는 것을 무작정 비난하는 것은 옳지 않습니다. 이렇게 헤매는 시간은 쓸데없는 시간이 아니라 꼭 필요한 시간입니다.

'따라해 봤는데 내 스타일이 아닌 것 같네'하는 생각이 들면서 하나씩 걸러집니다. 이 과정을 **자신의 경제적 능력**으로 해보는 것은 전혀 나쁘지 않습니다. 그것은 오히려 생산적인 행위입니다. 문제는 유년기와 청소년기는 부모로부터 경제적으로 독립한 상태가 아닙니다. 따라서 그 시기에는 유행을 따르려면 부모의 경제력에 기대야 합니다.

자신의 능력이 아닌 남의 능력으로 하고 싶은 것을 다한다고 생각해 보세요. 부모의 경제력에 한없이 기대는 것은 자녀를 의지 없는 사람으로 만들 가능성이 매우 높습니다. 원하는 것도 아닌 것을 시류에 휩쓸려 하는데, 자신의 힘을 들이지 않으면 않을수록 진짜로 원하는 것을 점점 더 찾기 어려워집니다.

자신의 힘을 들이지 않고 결과를 얻는 것이 습관이 되면 무언가를 나서서 해야 할 이유를 찾지 못합니다. 그래서 계속해서 도움을 받을 수 있는 사람과 관계를 유지하는 일이 벌어집니다. 그뿐인가요? '내 것, 내가 좋아하는 것'이 없는 삶은 재미가 없습니다. 여러분은 재미있게 살고 계신가요?

아이들이 유행을 따르고 싶은 마음은 어쩌면 당연한 욕구입니다. 하지만 부모가 대신 그 욕구를 다 채워 준다면 성인이 되어 "나는 부모님 밑에서 크는 동안 부족함을 전혀 모르고 컸다"라고 하지 않습니다. 오히려 부족함만 계속 느끼게 될 것입니다.

결국 부모는 의지를 상실한 채 성인이 된 자녀에게 끝까지 경제적 후원을 해야 할 것입니다. 그러나 그런 그들에게 필요한 사람은 경제적 후원자보다 험난한 세상에서 스스로를 잘 돌보고 책임질 수 있도록 격려해 주는 정신적 후원자입니다. 취업 준비생에게 의식주(물질적 후원)를 제공하면서 닦달하거나 한심하게 바라보는 것이 아닌, 그 힘든 마음을 알아주는 정신적 후원자 말입니다.

아직 경제적 능력이 없는 유년기나 청소년기 아이들은 모든 유행을 다 쫓아할 수 없을 테니 그들의 속상한 마음을 달래 줄 수는 있습니다. 하지만 매번 부모가 유행 따르기에 해결사로 나선다면 그런 부모 역시 자신의 삶에서 중요한 것 또는 자신의 스타일을 찾지 못해서입니다. 그런 부모의 자녀 역시 인생에서 무엇이 중요하고 무엇이 덜 중요한지 구분하는 판단력이 생기기 어렵습니다. 부모가 해야 할 일은 아직 판단력이 미약한 자녀를 위해 판단을 해주는 역할을 하는 것입니다.

저는 제 삶에서 집중하고 싶은 음악이라는 것을 초등학교를 졸업하기 전에 찾았습니다. 그래서 또래 친구들보다 시류에 덜 휩쓸리며 생활했습니다. 물론 어렸기에 부모님께 무언가를 사달라고 조르는 일도 가끔은 있었습니다. 그러나 저에게는 피아노보다 중요한 것은 없었습니다. 그래서 대부분의 친구들이 몰두하는 '현재 유행 중인' 행위나 물건들이 크게 눈에 들어오지 않았던 것입니다.

만약 저의 피아노에 대한 사랑과 집중을 제 부모님이 '쓸데없는 몰입'으로 오해하셨다면, 그래서 쓸데없이 피아노만 치지 말고 다른 것을 하라고 강요했더라면, 저는 제 삶에서 집중하고 싶은 것을 찾아 헤매기 위해 더 긴 시간이 필요했을지도 모릅니다.

쓸데없는 몰입처럼 보이는 아이들의 많은 행위가 사실 제 갈 길을 스스로 찾아가는 과정인 경우가 많습니다. 어떤 부모에게는 아이가 피아노를 오랜 시간 연습하고 있는 모습, 낚시를 즐기는 모습이 쓸데없어 보일 수도 있습니다. 그것을 쓸데없는 것으로 치부하는 순간 에코 세대 역시 베이비 붐 세대가 저질렀던 큰 잘못을 저지르는 것입니다. 제 갈 길을 비교적 빨리 찾는 사람들은 쓸데없어 보이는 행위를 '마음껏' 해본 경우입니다.

리듬 생활은 순서는 유지하되
시간을 유연하게 쓸 줄 알아야 합니다.

5장

심심할 권리

리듬 생활로 넣으면 좋은 심심한 시간
쉬는 시간이 반복적으로 필요한 이유
방학
쉴 줄 모른다는 것은 무절제와 자기 방치

리듬 생활로 넣으면 좋은 심심한 시간

심심한 시간을 규칙적으로 갖는 것은 매우 유익합니다. 의아해 하실 수 있으니 심심하고 지루한 시간이 왜 필요한지 이야기해 보겠습니다.

심심한 것은 견디기 힘든 일종의 고통입니다. 어린 시절 "엄마! 나 너무 심심해~"라고 투덜거려 보지 않은 사람은 거의 없을 것입니다. 그때 누군가가 해결해 주는 경우와 아무도 해결해 주지 않아 스스로 거기서 빠져나오는 경우가 있습니다.

전자의 경우 심심한 것이 어떤 강도의 고통인지 모릅니다. 심심할 때면 자신의 의지를 발휘하지 않아도 자동으로 해결되니 그 고통을 겪을 겨를이 없기 때문입니다. 심심하다는 말 한마디면 바로 누군가가 먹을 것이나 장난감 또는 디지털 기기를 들고 나타나 '혼자 있을 틈'을 만들지 않고 '놀아 줍니다'. 반면 후자의 경우는 심심함이라는 고통을 경험한 주체가 그 고통을 지속시키지 않기 위해 어떻게든 방법을 찾아 스스로 그 상황에서 빠져나옵니다.

옛날 우리 어머니들은 심심하다고 투덜거리면 "가서 소금 한 숟가락 먹어라"라고 한마디 던지시고는 할 일을 하셨습니다. 우리는 뜻 모를 엄마의 말에 짜증이 나서 한참을 툴툴거리다가 어느새 무언가에 **몰입**합니다. 언제 무슨 일이 있었냐는 듯 뭐라도 스스로 찾아서 하는 것입니다.

이런 행위를 반복적으로 경험한 사람은 그러한 반복을 통해 살아 나가는 데 꼭 필요한 굉장한 힘을 서서히 갖추게 됩니다. 그 힘은 바로 문제 해결 능력입니다.

어떤 사람들은 아주 작은 문제 앞에서도 발을 동동 구르기만 할 뿐 대안을 찾을 생각조차 하지 못합니다. 그런 상황을 겪은 적이 없었거나 그런 상황이 벌어질 때마다 외부에서 해결해 주었기 때문입니다. 심심한 시간처럼 구멍이 난 듯한 시간은 고통을 자연스럽게 겪어 볼 수 있는 의미 있는 시간입니다.

일부러 자녀를 극기 훈련 캠프에 보내 고통을 인위적으로 체험시키기도 합니다. 하지만 일상 속에서도 고통은 얼마든지 경험할 수 있습니다. 재해나 전쟁 또는 누군가 강압적으로 지시해서 어쩔 수 없이 해야만 하는 행위들(예를 들면 선행 학습도 포함)처럼 자신이 원하지 않은 고통을 많이 겪게 되면 세상을 원망할 확률이 커집니다. 그러나 심심한 시간처럼 외부 압력이 아닌 자연스러운 고통들을 경험하면 그렇지 않습니다.

심심한 사람이 고통에 몸부림치다가 하는 행위는 결국 '있는 것, 가진 것'을 발견하고 그것을 활용하는 것입니다. 많은 부모들이 저지르는 실수 중에 다음과 같은 것이 있습니다.

우연히 어떤 책을 읽다가 유년기에는 숨어서 노는 것을 좋아한다는 정보를 얻고는 아이가 숨어서 놀 텐트를 사주는 것입니다. 숨어서 놀기 좋아하는 아이들은 옷장 속이든 식탁 밑이든 숨을 곳을 스스로 찾을 능력이 있습니다. 그런데 숨으라고 대놓고 텐트를 설치해 주면 아이는 숨을 곳을 스스로 찾을 필요가 없게 됩니다. 이런 식으로 습관이 들면 아이들은 가지고 있는 것보다 없는 것들이 눈에 먼저 띕니다.

집안이 부유하지 않았으나 "나는 부족한 것을 모르고 자랐다"고 이야기하는 사람들은 그들의 부모님이 나서서 심심함을 해결해 주지 않은 경우입니다. 심심함을 해결하기 위해 혹은 놀기 위해 필요한 것을 스스로 찾아내며 성장한 사람들은 부족함을 모르고 삽니다.

무엇이든 갖추고 시작하는 사람을 비난하는 이야기가 아닙니다. 가령, 타지에서 유학생활을 하는데 살 집에 필요한 물건들을 직접 발로 뛰어 사람들과 좋은 관계를 맺고 도움을 받으며 시작하는 사람이 있는 반면, 그런 노력 없이 '부모가 바로 해주는' 부모가 해결사인 경우가 있습니다. 부모를 해결사로 아는 자녀에게 벌어지는 문제는 작지 않습니다.

외부에서 해결해 주는 경험이 지속되면 감사함을 느끼기보다는 당연하게 여기기 시작합니다. 때문에 오히려 "왜 그게 없지? 왜 이렇게 해결이 안 되는 거지?"라며 불만이 늘어납니다.

여러 학원을 보내며 이것저것 가르쳐 봤는데 정작 가르쳐야 할 것을 가르치지 않은 것입니다. 바로 **일상에서 마주치는 고통으로부터 스스로 벗어나는 힘**을 말입니다. 심심해하는 아이에게 디지털 기기를 건네어 순간적으로 달래는 행위는 아이가 세상을 살아 나갈 힘을 키우지 못하게 막는 행동입니다.

부모가 무의식중에 하는 이러한 행동들은 자녀에게 큰 죄를 짓는 것과 다르지 않습니다. 가르쳐야 할 것을 가르치지 않는 것은 방치에 해당하기 때문입니다. 그러므로 이런 무의식적인 반복을 어른들은 자신의 생활 습관에서 걷어 내야 합니다.

아이들이 심심하다고 툴툴거릴 때 내심 기뻐할 수 있어야 합니다. 심심하다고 말하는 아이에게는 드디어 문제 해결 능력을 스스로 깨칠 기회가 온 것이기 때문입니다. 옆에서 해결해 줄 필요도 없으며 우리는 마음껏 기뻐하기만 하면 됩니다.

하루 중에 심심한 시간이 규칙적으로 생긴다면 아이들은 더 많은 것들을 발견하며 살 것입니다.

쉬는 시간이 반복적으로 필요한 이유

리듬 생활의 핵심은 활동과 휴식을 반복하는 것입니다. 상식적으로 생각해도 계속 활동만 한다면 우리는 그 활동을 길게 이어갈 수 없을 것입니다.

예전에 저는 글쓰기에 너무 몰입한 나머지 매일 5시간 이상씩 앉아서 글을 쓰다 허리에 문제가 생겼습니다. 결국 글쓰기도 오랫동안 멈춰야 했고, 그로 인해 약속들도 지키지 못했던 경험이 있습니다. 지금은 글을 쓸 때 일부러 물을 많이 마시고 쓰기 시작합니다. 그것은 글쓰기에 몰입하더라도 빠져나오게 해줄 장치입니다. 일부러 화장실에 가게 만들어 일종의 휴식 시간을 만드는 것이기 때문입니다.

어른들에게는 휴가가 있고 아이들에게는 방학이 그리고 수업시간 사이에 쉬는 시간 등이 있습니다. 그리고 어른, 아이 모두에게 잠자는 시간도 있습니다.

〈산토끼〉 노래를 하면서 쉼표 없이 처음부터 끝까지 부른다고 상상해 보세요. 노래 중간에 들어간 쉼표는 단지 거기서 잠깐 쉬라는 의미만 있는 것이 아닙니다. 바로 **다음을 준비할 시간을 가지라는 뜻**도 있습니다. 숨을 제때 쉬어야 그다음 마디를 부를 때 숨이 모자라지 않아 여유 있게 부를 수 있습니다. 그래서 쉬는 시간은 굉장히 생산적인 시간입니다.

연주자에게 쉼표는 들리지 않는 음이며, 훌륭한 연주자는 쉼표를 굉장히 잘 연주합니다. 쉼표 뒤에 나오는 음들을 들어보면 그것을 알 수 있습니다.

우리는 무의식적으로 하루 일과를 활동으로만 가득 채웁니다. 무엇이 활동이고 무엇이 휴식인지 의식하지 않으면 충분히 일어날 수 있는 일입니다. 특히나 유년기 아이들은 그 둘을 구분하지 못합니다. 그래서 아이들이 쉬려면 어른의 도움이 필요합니다. 만약 어른이 본인의 일상에서 활동과 휴식을 구분하지 못한다면 아이들을 도와줄 수 없습니다. 그러니 우리는 (생산적으로) 쉰다는 것이 대체 무엇인지에 대해 깊이 생각해 보아야 합니다.

쉰다는 것은 앞에서 이야기했듯이 다음 활동을 위한 여유를 찾는 것입니다. 그러려면 몸과 마음을 쉬어 주어야 합니다. 몸과 마음이 피곤하면 곧바로 우리의 정신에 영향을 미칩니다. 그래서 하지 말아야 될 말을 내뱉거나 행동을 하는 일이 벌어집니다. 애먼 사람에게 짜증을 내는 이유 중 하나는 쉬지 못해서 그런 것입니다.

많은 사람들이 쉴 때 무엇을 하냐고 질문합니다. 이 질문은 그 자체가 모순입니다. 마치 쉴 때조차 뭐라도 하지 않으면 안 될 것 같은 압박을 주는 질문입니다. 멍 하니 앉아 먼 산을 한참 바라보고 있으면 안 될 것 같죠? 지금 이 순간부터는 그래도 됩니다! 쉴 때 무엇을 하냐는 질문을 받으면 아무것도 안 하고 쉰다고 자신 있게 대답해도 됩니다.

현대인의 수많은 질병은 쉴 줄 몰라서 생기는 경우가 대부분입니다. 술을 쉬지 않고 마셔서, 담배를 쉬지 않고 피워서, 디지털 기기를 쉬지 않고 쳐다봐서, 잠을 자지 않아서, 쉬지 않고 여럿이 몰려다녀서 말입니다. 쉰다는 것이 무엇입니까? 그 어떤 형태로든 쉬고 난 후에 여유가 생겼다면 잘 쉬었다고 할 수 있습니다.

감정적 동요를 겪지 않는 몸과 마음이 편안한 시간이 쉬는 시간입니다. 감정적 동요를 겪지 않으려면 사람을 만나는 것도 잠시 쉴 줄 알아야 합니다. 친구들을 만나는 것은 활동 중에서도 강도 높은 활동에 속합니다. 아무리 편한 친구일지라도, 한 사람만 만나는 것일지라도, 우리는 만나고 있는 사람을 자연스럽게 배려하고 그의 이야기에 집중과 몰입을 번갈아하게 됩니다. 그리고 자신의 이야기도 풀어냅니다. 두 명 이상이 모이는 순간 타협이라는 것이 요구되며 서로가 서로에게 영향을 주고받습니다.

사람을 만나는 일은 이렇게 강도 높은 활동입니다. 그러나 그것을 모르고 좋아하며 쉼 없이 사람들을 만나고 다닙니다. 만나서 기분 좋게 웃으며 즐거운 시간을 보내고 집에 와서는 가족들에게 "집에만 있었으면서 치우지도 않고 뭐 했어!"라며 짜증을 냅니다. 이런 짜증은 정말 청소가 안 되어 있어서 내는 짜증이 아닙니다.

밖에서 사람들을 만나는 시간은 누군가와 시간을 공유한 것이므로 온전히 자신만의 시간, 쉬는 시간이 아닙니다. 그래서 집에 들어와 자신만의 시간을 가지려는 데 청소라는 **활동**이 나를 기다리고 있는 것입니다. 그래서 짜증이 나는 것입니다. 그런 분들이 가족들에게 잘 듣는 말이 있습니다.

"엄마는(혹은 당신은) 밖에만 나갔다 오면 화를 내. 그럴 거면 밖에 나가지 마!"

아이를 키우는 엄마들의 경우 혼자만의 쉬는 시간을 가지지 못합니다. 혼자 있을 기회가 생겨도 자꾸 사람들을 찾아 나섭니다. 직접적으로 또는 SNS를 통해 간접적으로라도 수시로 계속 타인과 함께 있습니다. 타인의 사생활을 구경하거나 누군가가 공개한 정보를 찾아 헤매는 식으로 말입니다. 그리고 늘 피곤해 합니다. 피곤한 이유는 자신의 쉬는 시간을 남에게 빼앗겨 버렸기 때문입니다. 자신도 모르게 내 것을 빼앗긴 사람은 여유가 없습니다.

제가 강의를 하다가 이런 이야기를 하면 많은 엄마들은 "어쩐지 집에 혼자 있다가 가족들이 들어올 때는 화가 안 난다"고 이야기합니다. 쉬는 시간은 이렇게 중요합니다.

사람들을 많이 만나는 것에 대해 비판하는 것이 아닙니다. 스스로 감당하기 버거울 정도로 균형을 잃고 쉬지 않고 자신을 타인의 영향에 노출시키는 행위가, 우리의 건강을 어떻게 해치는지에 대해 이야기하는 것입니다. 스마트폰과 인터넷이 없던 시절에는 집에 들어오면 더 이상 다른 사람들을 만나지 않을 수 있었습니다. 그러나 이제는 의식하지 않으면 잠을 자는 시간을 제외하고는 타인과 늘 함께 시간을 보내게 됩니다.

앞서 말씀드린 자녀의 생활에 갖가지 활동들을 '넣고 빼기' 하는 부모는 자녀에게 끊임없이 무언가를 요구합니다. 자녀가 자신의 머릿속에 그려 놓은 그림처럼 살기를 요구합니다. 쉬는 것이 무엇인지 잘 아는 어른만이 아이의 리듬 생활에 활동과 휴식의 균형을 잡아 줄 수 있습니다. 쉴 줄 모르는 어른은 아이도 쉬지 못하게 합니다.

방학

방학은 의무적으로 소속되어 있던 집단으로부터 떨어져 쉴 수 있는 너무나도 생산적인 시간입니다. 그 집단 속에서 원하지 않지만 휩쓸려 했던 행동들을 하지 않아도 되는 시간입니다. 따라서 자연스레 자신이 무엇을 하고 싶고 무엇을 하기 싫어하는지를 알게 되는 시간입니다. 이것을 아는 것은 매우 중요합니다.

방과후 시간도 마찬가지입니다. 아이와 함께 놀 친구들이 모두 방과후에 학원에 다닌다는 이유로 어쩔 수 없이 아이를 학원에 보냅니다. 그때 아이가 느끼는 경험의 본질은 다음과 같습니다.

나에게 필요하거나 필요 없거나, 내가 원하거나 원하지 않거나 상관없이 자신이 처한 상황과 환경을 거부하지 않고 거기에 어떻게든 자신을 맞추는 것입니다.

이런 경험이 쌓이면 자신에게 부당하거나 불필요한 것을 거부할 생각을 전혀 하지 못할 가능성이 커집니다. 물론 그 부당하거나 불필요한 것들을 거부하는 것이 전통을 훼손시키는, 법을 어기는, 타인에게 피해를 주는 이기적인 행위가 아닌데도 말입니다. 오히려 어떻게든 자신을 맞추며 삽니다. 강한 통제가 그 이유인데, 이때 아이는 현재 가지고 있는 욕구를 잊어버리거나 포기합니다.

많은 부모들이 통제라는 단어를 두고 "이거 해라, 저거 해라, 안 된다"라고 명령하는 것만 떠올립니다. 그러나 불안한 부모가 자신에 대한 불신을 자녀에게 투영시켜 자녀를 불신함으로써 아이를 불안 속에 가두는 것 역시 통제입니다. 또한 어린 자녀에게 가정의 경제적 형편이 어렵다는 것을 너무 드러내 놓고 강조하여 아이가 자신의 욕구를 스스로 제한하게 되는 것도 일종의 통제입니다. 부모가 모든 것을 나서서 다 해줘서 아이가 부모 없이는 아무것도 하지 못하게 만드는 것 역시 통제입니다.

다양한 통제들 중에서도 직접 하는 통제 못지않게 무서운 통제가 바로 **쉴 줄 모르는 부모와 함께 사는 것**입니다. 자신이 원하는 것을 알고 싶다면 집단으로부터 잠시 떨어져 있는 시간을 가져야 합니다. 그래야 자신이 원하는 것을 알 수 있습니다.

쉴 줄 모른다는 것은 무절제와 자기 방치

쉬지 못하는 사람은 단지 피로감에 시달리는 것만이 아닙니다. 쉬지 못한다는 것은 자신이 어디까지 수용할 수 있고, 어디서부터는 수용할 수 없는지 그 한계를 모르는 것과 같습니다. 그 한계를 모르는 사람은 자신을 보호할 줄 모르는 사람입니다.

어린 시절 심한 정서적 학대를 받았던 불행한 자신의 경험을 바탕으로 많은 사람들의 공감을 불러일으키며 다양한 활동을 하고 있는, 심리치료사 비벌리 엔젤은 이를 '스스로 자기를 돌보지 못하고 방치하는 것'이라고 말했습니다.

자신을 방치하는 사람들의 큰 특징 중 하나가 무절제입니다. 무절제 속에는 의존적 행동들이 들어 있습니다. 매일 장시간 텔레비전이나 스마트폰 등의 미디어 기기에 빠져 있다거나, 몸을 못 가눌 정도로 술을 자주 마신다거나, 쇼핑에 빠진 행동들이 그렇습니다.

이러한 무절제한 행동들은 자신을 평온하게 놔두지 않고 계속 '나도 모르게' 활동하게 만듭니다. '나도 모르게' 활동하는 시간이 길거나 '나도 모르게' 하는 활동들이 많다면, 그것은 자신을 돌보지 않으며 사는 것입니다.

스스로 돌볼 줄 아는 것은 굉장히 중요합니다. 그것이 자신의 육체적 · 정신적 건강을 책임지기 때문입니다. 자신을 돌보지 않는 무절제한 행동에는 잠을 충분히 자지 않는 것도 포함됩니다. 물론 우리는 때때로 고민이 있거나 중대한 일을 앞두고 긴장감에 잠들지 못할 때도 있습니다.

여기서 말하는 '잠을 충분히 자지 않는' 사람이란 교대 근무를 하는 직업을 가진 것도 아니고, 낮과 밤의 리듬에 아직 적응하지 못한 어린 아기를 키우고 있는 경우도 아니면서, 불규칙적인 생활을 하는 사람들을 가리킵니다. 즉, 자연의 리듬에 어긋난 생활, 리듬 생활을 하지 않는 사람들을 의미합니다. 자야 할 때 자지 않고 깨어 있어야 할 때 깨어나지 못해 계속 수면 부족 상태로 생활하는 경우입니다. 수면 부족은 자신의 한계를 몰라 벌어지는 결과입니다.

불이 얼마나 뜨거운지 아직 그 정도를 모르는 아이들은 촛불을 보고 얼마나 가까이 가도 되는지 가늠하지 못합니다. 어떤 아이는 촛불에 직접 손을 가져다 대기도 합니다. 그래서 주위 어른은 아이를 제지합니다. 위험할 정도로 다가가지 않도록 말입니다.

유년기 아이들이 자신의 한계를 스스로 정한다는 것은 굉장히 어려운 일입니다. 물론 어른들의 조언이나 경고 없이 이런저런 시도를 해보며 불에 데지 않을 거리가 어느 정도인지 스스로 알아내 조심할 수도 있습니다.

'어른들의 조언이나 경고'란 불필요한 참견이 아닌 적절한 보호를 의미합니다. 아이가 자신의 한계를 몰라 계속 헤매지 않도록 길잡이가 되어 주는 것입니다. 이런 보호가 지나칠 때 '통제'가 되고, 해도 되는 것과 해서는 안 되는 것을 구분해 주지 않을 때 아이를 '방치'하는 것이 됩니다. 통제 또는 방치 속에서 아이들은 자신을 보호하기가 어렵습니다. 경계를 모르기 때문입니다.

따라서 언제 쉬어야 하고 쉬지 말아야 할지를 구분하지 못하는 것은 통제와 방치의 결과입니다. 그런 아이들이 자라 부모가 되면 자신만 통제하거나 방치하는 것이 아니라, 자신의 자녀도 통제하거나 방치하려고 듭니다.

치료사로서 저는 자신은 물론 자녀를 방치하는 부모들을 많이 봅니다. 부모가 늦게까지 깨어 있고 유년기의 자녀 역시 밤 12시가 넘어도 아이가 잘 수 있도록 분위기를 만들어 주지를 않습니다. 아이가 자기 싫어한다며 깨어 있게 놔둔 탓에 어린이집이나 학교에서의 생활을 힘들게 만듭니다.

책을 비롯한 미디어에 빠져 있거나 쇼핑, 술, 게임 등에 몰입한 부모는 그 시간만큼 아이를 방치합니다. 방치되는 아이는 경계를 구분하지 못하는 행동들을 자주합니다. 예를 들면, 공공장소에 아이와 엄마가 같이 있는데도 불구하고 아이는 여러 사람이 함께 사용하는 공공 물건을 망가뜨립니다. 엄마는 아이와 단 둘이 있으면서도 아이를 방치합니다. 자신만의 무언가에 과도하게 몰입해서 내 · 외적으로 계속 활동 중인 것입니다.

장소가 넓어 엄마의 시야에 다 들어오지 않아 생기는 부주의 때문이 아닙니다. 공간의 규모와 상관없이 협소한 장소에서도 그런 일이 일어납니다. 엄마는 아이가 공공 물건을 망가뜨린 사실 자체를 아예 모르거나, 그 사실을 알아도 그냥 놔둡니다.

'꼭 이렇게 해야 돼' 또는 '이래야 돼' 하는 식으로 심하게 통제하는 부모 밑에서 자라는 자녀 역시 경계를 구분하지 못합니다. 과격하게 행동하거나 아예 행동하지 않습니다.

어디까지는 해도 되지만 어디서부터는 하면 안 된다는 것을 '스스로 알고 그것을 기준 삼아 행동하는 것'은 스스로를 돌볼 줄 아는 것입니다. 이것은 일차적으로 자신의 건강을 지키는 일입니다. 배고픈 상태를 너무 오래 놔두지 않듯이 피곤한 상태를 오래 지속시키지 않아야 합니다. 규칙적인 생활로 가능하며 그것이 건강한 리듬 생활입니다.

어른이 되어 식구뿐만 아니라 타인에게 지나치게 이래라 저래라 하는 사람들이 있습니다. 그들 또한 무절제와 자기 방치 속에서 살고 있을 가능성이 높습니다. 따라서 자신의 하루 리듬을 의식적으로 점검해 볼 필요가 있습니다.

음식을 적당히 먹었는지, 수분을 적당히 섭취했는지, 불필요할 정도로 적극적이지 않았는지, 그리고 잘 쉬었는지 등 말입니다. 불필요하게 적극적이라는 것은 자신이 가진 에너지 그 이상을 원하지 않는 것에 쏟아붓는 것을 의미합니다. 대부분 그런 행동을 한 뒤에는 스스로에게 화가 납니다.

많은 부모들이 아이가 보는 앞에서 술을 마시는 행위가 나쁘지 않을까 걱정이 된 나머지 몰래 마시기도 합니다. 아이가 친구들과 놀이를 하며 '짠~' 하고 건배하며 흉내 내는 모습을 보고 크게 걱정을 합니다. 술을 마시는 행위 자체가 나쁜 것이 아니라 무절제가 나쁘다는 것을 알아야 합니다. 무절제한 부모의 아이가 '짠~' 하며 놀 때는 부모 자신도 걱정해야 할 것입니다. 하지만 그렇지 않은 부모의 아이가 그렇게 놀 때는 그저 놀이에 불과하니 큰 걱정을 하실 필요가 없습니다. 네모난 블록 장난감을 스마트폰으로 흉내 내며 노는 아이도 마찬가지입니다.

부모가 자신을 방치하는 사람은 자녀도 방치하고, 자신을 통제하는 사람은 자녀도 통제합니다. 방치와 통제 없이 자라는 아이가 무엇을 해도 되고 하면 안 되는지 그 기준을 세울 수 있습니다.

아이의 문제이기 이전에 자신을 돌보는 일이 결국 자연스럽게 아이를 돌보는 일이 됩니다. 자제해야 할 때, 적극적이어야 할 때를 아는 것처럼 한계를 아는 부모로부터 절제와 억압, 그리고 자유와 방종의 차이를 구분할 수 있는 '스스로의 한계를 아는 사람'이 길러집니다.

부모와 교사의 건강한 리듬 생활은
가장 훌륭한 가이드가 되어 줄 수 있습니다.

6장

가정 내에서의 리듬 생활

편식을 고치는 리듬 생활

약속을 번복하는 것은 부모의 권위를 잃는 것

선행 학습 – 선행보다 실수를 통해 성숙의 길로

함께 있다는 의미

아기 띠를 맬 때 한 번 더 생각해 볼 문제

내 유년 시절의 리듬 생활

편식을 고치는 리듬 생활

먹어도 되는 것과 안 되는 것을 '가려서 먹는 것'과 자기 입맛에 맞는 것만 '골라 먹는 것'은 완전히 다릅니다. 전자가 큰 병을 치료한 뒤 술이나 기름진 음식 등 건강을 해치는 음식을 멀리하는 경우라면, 후자는 그런 것과 관계없이 자기 좋을 대로 하는 경우입니다.

자기가 하고 싶은 것만 골라서 하는 것은 육체 건강뿐 아니라 정신 건강까지 해칩니다. 그래서 유년기 아이들의 식습관이 잘 자리 잡을 수 있도록 해주어야 합니다. 그러기 위해서는 먼저 편식하는 아이의 마음을 이해할 수 있어야 합니다.

유년기 아이들이 어떤 음식물을 거부하는 모습을 잘 관찰해 보면 아이들의 마음을 읽는 것이 어렵지 않습니다. 어린 아이들은 살아온 세월이 길지 않아 어른들과 달리 음식에 대한 **경험이 적습니다**. 어떤 음식물을 거부할 때 그 음식물은 대부분 아이

입장에서는 난생 처음 보는 경우일 때가 많습니다.

어른들이 음식을 거부하는 경우는 먹고 체한 적이 있거나, 원래는 맛있는 음식인데 형편없이 만든 걸 먹어 봤거나 대체로 좋지 않은 경험에서 비롯됩니다. 하지만 아이들은 '경험이 생기기도 전에 맛도 보지 않고 일단 거부'부터 하고 봅니다. 바로 여기에 편식을 줄여 나갈 중요한 해답이 있습니다.

여러분은 어떨 때 경험하지도 않은 것인데—사람이든 상황이든 음식이든— 거부부터 하나요? 바로 너무 낯설어 그것에 대해 전혀 예측할 수 없을 때일 것입니다. 낯설음은 우리를 불안하게 합니다.

보통 처음 만나는 사람과 대화를 나눌 때는 어느 정도 물리적인 거리를 두고 대화합니다. 만일 처음 본 사람이 코앞까지 다가와서 이야기한다고 상상해 보세요. 우리는 아마 뒷걸음질 치게 될 것입니다. 사랑하는 가족들과는 그렇게 이야기를 나눌 수 있습니다. 거부감이 없기 때문입니다. 서로 익히 잘 알고 있어서, 그러니까 **잦은 접촉**으로 **익숙**해져서 확실히 안전하다는 것이 확인됐기 때문입니다.

음식 역시 이와 다르지 않습니다. 먹어 본 적이 없거나 딱 한 번 맛본 음식을 맛없어 안 먹겠다는 아이들의 귀여운 투정은 사실 '너무 낯설어서 다가갈 수 없어요'라는 뜻을 담고 있습니다. 색깔도 모양도 냄새도 난생 처음입니다. 그런 것을 입에 넣는 것은 상상도 할 수 없는 일입니다.

루돌프 슈타이너의 '인간의 12감각'에 대해 강연 활동을 했던 네덜란드 의사인 알베르트 수스만은 입 안은 지극히 사적인 공간이라고 표현합니다. 낯선 무언가를 사적인 공간으로 들어오게 놔둘 수 있는 아이는 많지 않습니다. 물론 어른들도 마찬가지입니다.

아이들의 식습관이 건강하게 자리 잡으려면 음식물과의 **잦은 접촉**을 시도하면서 그것에 **익숙**해질 수 있는 시간을 주어야 합니다. 잦은 접촉은 반복적인 접촉을 의미하고 이런 리듬 생활을 이끌어 갈 수 있으면 됩니다.

아이가 거부하는 음식을 잘게 갈아서 보이지 않게 하거나, 다른 음식 속에 숨겨 넣는 방법으로 편식을 고치려 한다면 대부분 실패합니다. 아이는 엄마한테 들키지 않으려 입 안에 섞인 음식물에서 싫어하는 것만 골라 혀 밑에 숨겨 두거나, 바지 주머니 속에 넣어 버릴 것입니다. 또는 혼나더라도 입 밖으로 뱉어 낼 것입니다. 결코 삼키지 않습니다. 영양소를 골고루 섭취하게 하려고 최선을 다한 이런 방법들은 운이 좋으면 성공하지만, 장기적으로 봤을 때는 임시방편에 불과합니다.

음식물이 숨어 있으면 아이는 음식물과의 접촉을 느끼지 못합니다. 이것은 아이가 그 음식물과 익숙해질 수 있는 기회를 만드는 것이 아니라 낯선 상태를 유지시킬 뿐입니다. 따라서 아이가 식사시간 때마다 눈으로 계속 볼 수 있게, 익숙해질 수 있도록 내놓습니다. 아이가 입으로 가져가지 않더라도 부모가 먹는 모습을 보여 주고 먹어도 안전하다는 것을 반복해서 경험하게 합니다.

어떤 엄마들은 아이가 편식한다고 걱정을 하면서도 아이가 좋아하는 반찬만 내놓습니다. 그러면 아이는 낯선 반찬과 친해질 기회가 없습니다. 이전 세대 어머니들은 숟가락으로 머리를 때려서라도 편식 습관을 고쳐 주려고 노력했습니다. 그 방법이 **음식물과 잦은 접촉**을 하게 한 것은 분명하지만 강압적이고 폭력적이었습니다. 따라서 다음의 방법을 제안합니다.

아이가 거부하는 음식의 양을 최소화하고 아이가 보는 앞에서 그것을 반으로 나눕니다. 그리고 '엄마가(혹은 선생님이) 먹을 테니 너는 반만 먹으면 된다'며 그 음식을 아이에게 줍니다. 만약 김치라면 작은 김치 한 조각을 아이가 보는 앞에서 반으로 나누고 함께 먹어 주는 것입니다. 아이 입장에서는 혼자 낯설음을 감당하는 것이 아니라 누군가가 같이 있어 용기를 내기가 수월합니다. 물론 이 방법도 아이가 입으로 가져가기까지는 여러 번 반복해야 할 것입니다.

이러한 노력들을 단기간에 끝내려고 하지 않는 것이 중요합니다. 지속적으로 보고 냄새 맡으며 익숙해질 때까지 합니다. 이때 튼튼해진다거나 감기를 빨리 낫게 한다는 식의 이야기도 끊임없이 해주며 어떻게든 권하는 것이 중요합니다.

아이들이 당장 말을 듣지 않는다고 몇 번 해보지도 않고 포기한다면, 3장에서 말씀드린 습관을 들이는 것이 기술을 익히는 것과 맞먹는 노력과 시간이 필요하다는 사실을 떠올려 주시기 바랍니다.

여러분은 이제 과일을 먹지 않는 아이를—어른들이 먹을 때만 가끔 내놓으면서— 과일 따기 체험 학습장에 데리고 가는 것이 왜 효과가 없는지 알았을 것입니다. 낯설어서, 익숙하지 않아서 거부하는 아이의 마음을 안다면 우리는 반복해 주어야 합니다. 과일 따기 **체험 학습장**에 데리고 가는 것은 아이 입장에서는 딱 하루 보게 해주고는 친해지라고 하는 것과 같습니다. 그것은 억지스러운 일이며 따라서 대부분 실패합니다.

그렇다고 '자주 데리고 가야겠다'는 생각은 하지 않기를 바랍니다. 우리가 의식을 하지 않은 채 반복하는 일은 시간과 돈만 아깝게 소비하게 만들 뿐입니다. 다녀와서도 과일을 안 먹으면 돈이 아깝다며 괜히 데려갔다고 말할 것입니다. 과외를 시켜 놓고 왜 성적이 오르지 않느냐, 비싼 옷 입혀 놓고 (아이가 더럽혀 오면) 왜 조심성이 없느냐, 체험 학습장에 보내 놓고 이게 얼마짜린데 왜 열심히 하지 않느냐 하는 것은 그저 돈내기 놀이를 하며 삶을 사는 어른들의 한탄입니다.

돈내기 놀이는 습관입니다. 이 표현이 과하다고 생각된다면 돈을 주로 어떤 용도로 사용하는지 노트에 직접 적어 보기 바랍니다. 무슨 목적으로 돈을 쓰는지, 돈 쓰는 자체가 목적은 아닌지 살펴보십시오. 도박장에 들어가 있는 사람들만 중독된 것이 아닙니다. 우리 역시 의식하지 않으면 돈을 수단이 아닌 목적으로 사용하는 중독적인 패턴에 빠집니다.

편식하는 아이의 마음을 이해하는 것은 단지 편식 개선에만 도움이 되는 것이 아닙니다. 낯설어서, 익숙하지 않아서 힘들고 두려운 그 마음을 이해하는 것은 아이가 세상을 즐겁게 살아 나갈 수 있도록 힘을 주는 것입니다.

우리가 즐거울 때는 어제보다 나은 자신을 경험할 때입니다. 어제까지 못했던 것을 오늘 할 수 있게 되었을 때 낯설음을 극복하고 드디어 익숙함으로 발을 내딛은 것입니다. 그때 생기는 자신감은 음식뿐만 아니라 다른 것들에도 도전할 수 있는 용기의 원천이 됩니다. 아이들은 자신의 마음을 이해해 주는 사람이 곁에 있다는 사실을 아는 것만으로도 많은 일들을 해냅니다.

약속을 번복하는 것은 부모의 권위를 잃는 것

저는 다음과 같은 질문을 자주 받습니다.

"아이가 장난감을 사달라고 조릅니다. 그런데 부모인 제 입장에서 볼 때 그 장난감은 아이에게 전혀 유익하지 않다고 생각해요. 그래서 그 자리에서는 생일에 선물로 사주겠다고 거짓말을 했어요. 생일이 되려면 한참 남았으니 그사이 아이가 잊을 거라고 생각했죠. 그러나 아이는 잊지 않았어요. 생일이 한 달 앞으로 다가왔는데 어떻게 해야 할까요?"

유익하지 않은 장난감을 사주지 않는 것은 부모의 마땅한 권위에 따른 행동입니다. 그런데 지킬 마음이 없는 약속을 하는 것은 권위와 무관합니다. 약속을 해놓고 사주지 않으면 권위 있는 부모가 될 수 없습니다. 권위 있는 부모라면 그 장난감이 아이에게 유익하지 않다는 판단이 섰을 때 사준다는 약속을 아예 하지 않습니다. 그래야 아이는 부모를 신뢰합니다.

"엄마(아빠) 말은 안 믿어"라는 말을 잘하는 아이들은 여러 번 속았기 때문입니다. 너무 많이 속으면 계속 의심하고 확인하며 사람을 쉽게 믿지 못합니다. 이것은 아이의 사회성에도 영향을 미칩니다. 의심이 많은데 어떻게 다른 사람과 매끄러운 관계를 맺을 수 있을까요?

한다고 해놓고 자신도 모르게 혹은 의도적으로 안 하는 일이 없으려면 부모는 늘 깨어 있어야 합니다. 약속을 잘 안 지키는 사람들은 규칙적인 리듬 생활을 하지 않고 대충대충 무의식적으로 행동하는 경우가 많습니다. 하기 싫어 안 한 것을 잊었다고 거짓말을 하기도 합니다.

솔직하고 거짓이 없을 때 아이와의 관계는 더 탄탄해집니다. 그리고 아이는 부모를 신뢰하게 되고, 비로소 부모의 권위는 그 빛을 발합니다.

선행 학습 -선행보다 실수를 통해 성숙의 길로

많은 부모들이 '아이가 못 따라 갈까 봐', '우리 애는 아직 준비가 안 된 상태라'는 말을 습관적으로 자주 사용합니다. 사실 이 말의 실체는 매우 충격적입니다. **'내가 아직 (우리 애가 서툰 것을 감당할) 준비가 안 된 상태'**라는 뜻이 담겨 있기 때문입니다. 잘 생각해 주시기 바랍니다.

부모가 아이의 서툰 점을 받아 줄 준비가 안 되어 있으면서 아이 탓을 하고 있는 것입니다. 아이의 실수하는 모습과 서툰 모습이 보기 싫어서 아이가 제대로 해낼 수 있을 때를 기다리지 못합니다. 그래서 선행 학습으로 미리 해버리는 것입니다. 선행 학습보다 아이에게 실수할 기회를 주고 그러한 경험을 바탕으로 내적인 힘을 키울 수 있게 기다려 주어야 합니다.

교사나 부모가 만약 아이 핑계를 대는 말을 하는 날에는 반드시 자신의 생활을 돌아볼 수 있어야 합니다. '아이 때문에'라는 말을 자주하는 부모는 많이 불안해합니다. 그 아이들은 부모가 자기를 부족하고 모자라게 여긴다는 것을 느낍니다. 자신의 실수와 서툰 행동을 용납할 수 있는 사람만이 타인의 실수와 서툰 행동을 용납할 아량이 생깁니다.

집에서는 기저귀 떼는 연습을 전혀 시키지 않은 채 보육기관에만 '맡겨 버리는' 부모가 있습니다. 즉 집에서는 아이가 실수할 기회를 전혀 만들지 않으면서 기관에서만 실수를 거듭하게 하는 것입니다. 그러나 실수가 허용되는 장소가 집이 아닌 외부에 따로 있다는 것을 경험하는 아이는 크게 혼란스럽습니다. 또한 이런 부모가 지닌 정신적 문제는 심각합니다. 그 중 하나가 자신의 아이를 가르치는 일이 '나의 일'이 아니라고 부정하는 데 있습니다.

'(교육기관에) 맡겨 놓으면 다 하게 되니 집에서는 그냥 놔두자'는 생각을 가진 부모라면 진지하게 고민해 봐야 합니다. 아이를 가르치는 일은 상당히 어렵습니다. 기계화된 세상을 사는 에코 세대 중에는 아이를 키울 때조차 그 과정을 외부에 맡기려는 경향을 보이는 사람들이 있습니다. 습관적으로 학습된 태만함입니다.

7세 이하의 아이들과 생활하는 교사들은 가정 내에서 아이를 키울 때 번거로운 일들을 대신 도맡아해 주는 베이비 시터가 아닙니다! 그들은 아이들의 실수를 허용하고 실수를 통해 성숙의 길로 인도하는 교육자입니다. 어린 아이들의 실수는 '집에서도' 바깥에서도 반드시 허용되어야 합니다.

또 다른 문제는 그런 부모들은 무의식중에 인간은 완벽하지 않다는 사실을 부정하고 있습니다. 그래서 자신에게도 지나치게 높은 이상을 부여하고 그에 미치지 못하는 자신의 모습에 힘들어 합니다. 지금부터 '인간은 완벽하지 않고, 그래서 실수할 수도 있다. 실수를 거듭하면서 완벽이 아닌 성숙의 길로 들어설 수 있다'는 말을 습관처럼 새기시기 바랍니다.

실수를 해보지 않고 성장하면 새로운 것에 도전하는 일이 더 어려워집니다. 실수할까 봐 못하는 일이 더 많아집니다. 서툴러서 바지에 여러 번 오줌을 싸 본 아이, 빨대 없이 물을 마시다가 여러 번 흘려 본 아이가 결국 이 세상을 즐길 수 있습니다.

함께 있다는 의미

많은 부모들이 자녀와 '함께 있는' 의미를 물리적으로만 이해합니다. 그래서 몸만 함께 있는 일이 벌어집니다. 함께 있다는 것은 같이 외출하기, 같이 놀기, 같이 모여 있기 등을 넘어서는 차원입니다. '함께 있다'는 것은 아이에게 좋은 일이 생겼을 때나 좋지 않은 일이 생겼을 때나, 늘 그들 편이 되어 줄 수 있을 때 비로소 완성되는 말입니다. 몸만 함께 있어서는 함께 있다고 느끼지를 못합니다.

아이와 하루 종일 같이 있는데 부모가 자주 전화 통화를 길게 하거나, 책을 포함한 스마트 기기 등의 미디어에 빠져 있거나, 근심 및 걱정이 많아 다른 생각을 하고 있는 시간이 길면, 아이 입장에서는 부모가 자기 옆에 있다고 느끼기 어렵습니다. 함께 있는 것은 마음을 함께 나누는 것입니다. 그래서 물리적으로 함께하기보다 정서적으로 함께할 수 있어야 합니다.

이 이야기는 아이와 함께 시간을 보내는 것이 어려운 주말 부부들이나 워킹맘들, 그리고 육아에 집중 중인 전업맘들의 시각을 바꿔 놓을 수 있다고 생각합니다. 의무감에 사로잡혀 아이와 함께 시간을 보내거나 아이와 함께하고 싶어도 물리적인 상황이 허락되지 않는 부모들의 경우 말입니다.

정서적으로 함께한다는 것은 '필요할 때' 곁에 있어 주는 것입니다. 아이가 부모를 가장 필요로 할 때는 힘들고 속상할 때입니다. 칭찬받을 일을 했을 때보다 일이 잘 풀리지 않아 속상할 때입니다. 속상한 감정이 받아들여지는 경험을 할 때 아이는 부모가 늘 자신 곁에 있다고 느낍니다.

아이가 잘해서 칭찬하는 일은 쉽습니다. 그러나 아이가 무언가를 시도하려 할 때 독려해 주고, 시도한 일이 잘 안 되어 속상해할 때 그럴 수 있다고 받아 주는 일은 쉽게 할 수 없습니다. 왜냐하면 아이가 속상해하는 것을 보는 일이 부모로서는 굉장히 힘들기 때문입니다. 그래서 부모는 자신이 힘든 것에 몰입한 나머지 아이의 속상한 마음을 보지 못한 채 화를 내거나 못마땅하게 여깁니다.

반면 당사자가 제일 속상하다는 것을 아는 부모는 기꺼이 자녀의 편이 되어 줍니다. 이것을 '공감'한다고 합니다. 공감하지 못하는 많은 사람들은 자신에게만 몰입한 채 살아갑니다. 부모가 자기 자신에게만 몰입해 있다면 자녀는 부모가 내 편이라는 것을 느끼지 못합니다. 그러므로 자녀와 물리적으로 붙어 있어도 함께 있는 것이 아닙니다.

자신에게만 몰입한 부모는 기분에 따라 행동합니다. 아이가 마음에 드는 행동을 할 때만 받아 주고, 마음에 들지 않는 행동을 하면 거부합니다. 100점을 받아 온 날은 맛있는 것도 사주고 안아 주기도 하는데, 70점을 받아 온 날은 혀를 쯧쯧 차며 방으로 들어가 버립니다. 상황이 마음에 들 때는 좋아하고 마음에 들지 않을 때는 싫어하는 것은 '미성숙한 어린 아이'가 하는 행동입니다. 자신에게만 몰입하는 부모는 몸만 어른인 아이입니다.

이렇게 일관성 없이 상황에 따라 기분대로 행동하는 부모와 함께 사는 아이는 자존감이 낮아집니다. 왜냐하면 아이가 조건부 사랑을 받는다고 느끼기 때문입니다. 자신의 있는 그대로를 사랑받을 수 없다고 느끼게 됩니다.

아이가 100점을 받은 날도 70점을 받은 날도, 말썽을 피운 날도 그렇지 않은 날도, 순간적으로는 감정을 컨트롤하지 못하는 부모일지라도 잠자기 전에 늘 아이를 안아 준다면 아이의 자존감은 나날이 건강한 방향으로 높아질 것입니다. 자녀 입장에서 '내가 무엇을 잘해서가 아니라' 그냥 있는 그대로의 나로 사랑받고 있음을 느끼게 해주기 때문입니다. 만약 지금까지 아이와 함께 있다는 것을 물리적인 것으로만 이해했다면 다음의 방법을 제안합니다.

하루 중 아침이든 밤이든 정해진 때에 아이와 5분 이내의 짧은 시간이라도, 매일 반복적으로 의식 행위를 하는 것입니다. 의식 행위란 마치 생일처럼 어김없이 '그때가 되면' 꼭 행하는 반복적인 행위를 의미합니다. 생일처럼 긴 주기로 반복되는 큰 행사도 있지만, 소박하더라도 자주 반복되는 의식 행위를 할 수도 있습니다.

직장 생활 때문에 어쩔 수 없어서 아이와 함께 있지 못하는 것이 늘 안타깝고 아이에게 미안한 워킹맘들은 짧지만 늘 할 수 있는 아이와의 의식 행위를 만들어 보기 바랍니다. 덧붙여 부모 스스로 여유를 찾을 수 있는 혼자만의 시간을 가질 것을 권합니다. '혼자만의 시간'의 의미를 오해하고는 그것을 마치 사치처럼 여기는 분들이 있습니다. 그런 오해는 '내 유년시절의 리듬 생활'에서 풀기로 하겠습니다.

아이와의 의식 행위를 매일 하는 것이 힘들다면 일주일의 리듬으로 해도 좋습니다. 일주일에 한 번 같은 요일에 간식을 만들어 주는 것도 좋습니다. 워킹맘들은 미안함을 갖기보다는 본인이 원하든 원하지 않든 사회에서 필요로 하는 여성이라는 점에서 충분히 자부심을 갖기 바랍니다. 아이는 그런 자부심을 가진 엄마가 일요일마다 직접 간식을 직접 만들어 주는 모습을 보며, '엄마가 매일 내 옆에 없어 속상해. 그렇지만 나를 있는 그대로 사랑하는 건 분명해'라고 느낍니다. 함께 있다는 것은 이런 것입니다.

더러는 요즘 시대가 어느 때인데 일을 안 하느냐, 또는 애들을 보기 싫어 일하러 나가냐 등 자신과 처지가 다른 이들을 비난하는 사람들이 있습니다. 남을 비난하기에 앞서 자신의 처지에 불만이 있는 것은 아닌지 먼저 돌아볼 수 있어야 합니다. 왜냐하면 그런 사람들의 경우 그렇게 상대를 비난해서라도 자신이 옳다고 주장하고 싶을 만큼 자신의 처지에 화가 나 있을 가능성이 큽니다. 그런 비난의 마음은 육아에도 도움이 되지 않습니다. 그 화를 약자인 자녀에게 풀 가능성이 높기 때문입니다.

어떤 일이든 처음 하는 일은 어렵고 힘든 것이 사실입니다. 여자라는 이유로 하게 되는 혹은 하게 될 엄마의 역할 역시 마찬가지입니다. 따라서 육아를 하면서 화를 주체하기 어려운 상태로까지 자신을 몰고 가지 말아야 합니다. 부모 역시 조금이나마 여유를 찾게 해줄 소박한 리듬 생활을 갖는 것이 건강에 좋습니다.

아기 띠를 맬 때 한 번 더 생각해 볼 문제

길을 걷다 보면 아기 띠를 맨 젊은 부모들을 흔히 볼 수 있습니다. 아기 띠는 '아직 부모와 분리가 어렵고 더 많은 보살핌이 필요한, 아직 걷지 못하는 아이'를 데리고 외출할 때 유용합니다. 집 안에서도 부득이할 때 매우 유용합니다. 포대기도 마찬가지입니다.

아기 띠를 사용할 때 아기가 부모의 가슴 쪽을 바라보게 하지 않고 부모와 같은 방향을 바라보게 매는 사람들이 많습니다. 아기의 등에 부모의 가슴이 맞닿는 식으로 말이죠. 부모와 같은 방향을 바라보며 매달려 있는 아기는 해야 할 일이 없습니다. 자신의 힘으로 매달려 있지 않기 때문입니다.

바깥쪽을 바라보고 매달려 있는 아기에게는 보이고 들리는 것들이 이것저것 닥치는 대로 들어옵니다. 즉 세상의 시청각 자극에 고스란히 노출됩니다. 대형 마트에서 쇼핑 카트에 아이를 태우고 다닐 때도 마찬가지입니다. 카트에 탄 아이 역시 자기가 할 일은 없습니다.

걸음마를 이제 막 배우기 시작하는 아기를 떠올려 보세요. 그 아이들을 관찰하다 보면 경탄하게 됩니다. 한 발로 자기 체중을 지탱하고 다른 한 발을 들어 올려 앞으로 내려놓는 그 순간 엄청난 집중력을 발휘합니다. 그 아기의 눈에는 다른 것이 보이지도 들리지도 않습니다. 오로지 넘어지지 않기 위해 바닥에 딛고 선 다리에 힘을 주느라 집중합니다. 가히 양궁 선수에게 요구되는 집중력을 발휘하는 수준입니다.

이렇게 자기가 해야 할, 기꺼이 해내고 싶은 중요한 일을 하는 사람은 아기든 어른이든 놀라운 집중력을 발휘합니다. 그래서 그 외의 일에는 신경을 덜 쓰거나 그 순간만큼은 관심을 갖지 않습니다. 해야 할 일 또는 중요한 일이 있는 사람은 다른 것에 쉽게 눈을 돌리지 않습니다. 반면, 그렇지 않은 사람은 이것저것 가리지 않고 보고 들으며 거기에 휩쓸립니다. 아기가 바깥쪽을 바라보게 아기 띠를 맨 부모들이 잘 찾는 곳은 한적한 산책로보다는 대형 마트나 백화점 등입니다. 인위적인 자극으로 가득한 실내 혹은 번잡한 실외 장소입니다.

만약 아기에게 많이 보고 많이 듣게 하려는 나름의 좋은 의도였다면, 미처 생각하지 못한 부분이 있습니다. 아기 수준에서는 소화가 불가능할 정도로 엄청난 자극을 받는다는 사실입니다. 따라서 아기를 정신적으로 바쁘게 만듭니다. 이렇게 매고 있을 때 아기들은 평소보다 칭얼거림이 덜합니다. 눈에 보이는 휘황찬란한 것들에 정신을 빼앗겨 자신이 뭘 원하는지 모르는 상태가 되기 때문에 보채지 않는 것입니다.

부모의 가슴 쪽을 바라보게 맨 아기 띠 속의 아기들은 자기가 불편할 때마다 부모에게 보챔으로써 자신의 불편함을 제때 알립니다. 그리고 부모는 시시때때로 눈을 맞추며 아기 표정을 살피므로 아기는 다른 것에 정신이 팔린 채 매달려 있지 않게 됩니다.

바깥쪽을 바라보게 맨 아기들은 집에 들어오면 더 많이 칭얼거리기도 합니다. 밖에서 과도한 자극을 받은 것에 비하면 집이 재미없기 때문입니다. 물론 아기들은 대체로 바깥바람을 적당히 쐬는 것을 좋아합니다. 이 아기들이 집에서 칭얼대지 않게 하려고 부모는 집에서도 인위적인 자극들을 만들어 줍니다. 그래야 자신들이 편하니까요. 가령 스마트폰을 보여 주는 식으로 말이죠.

과도한 자극에 일찍 노출될수록 그보다 더 큰 자극 없이는 견디지를 못합니다. 이것은 자연스러운 몰입을 어렵게 만드는 원인입니다. 그뿐만이 아닙니다. 바깥쪽을 바라보게 매달린 아기들은 팔다리를 자주 허공에 대고 허우적거립니다. 부모의 가슴 쪽을 향해 매달린 아이들과 달리 '얼굴은 물론이고 팔과 다리가 부모의 몸과 밀착되지 않아서'입니다. 그 모습을 그냥 귀엽다고 웃으며 보는 것은 치료사인 저로서는 너무나도 안타까운 일입니다. 그것은 아기의 촉각 발달에 도움이 되지 않기 때문입니다(촉각 발달의 필요성과 그 기능에 대해 더 알고 싶다면《12감각을 깨워야 내 아이가 행복하다》 참조).

아기 띠를 맸다는 것 자체는 아직 더 많은 보호가 필요하다는 뜻입니다. 어린 아기는 자신의 몸이 어딘가에 닿아야 몸의 경계를 서서히 느낄 수 있습니다. 부모와의 밀착을 통해 머리가 여기 있고, 가슴이 여기 있고, 팔이 여기 있고, 그래서 나는 여기 있다는 것을 압니다.

자신이 어디에 있는지 분명하게 아는 사람은 불안하지 않습니다. 바깥쪽을 바라보며 매달린 아기들의 시선은 사방팔방으로 돌아다니고 자신이 어디에 있는지 확인하려고 계속 허우적거립니다. 어디에도 닿지를 않으니 자신의 팔다리가 잘 느껴지지 않습니다. 자신의 몸을 잘 느끼며 성장하는 일은 매우 중요합니다.

내 몸을 잘 느끼지 못한 채 유년기가 지나가면 가령 내 다리가 어디까지 뻗어 있는지 잘 알지 못하는 일이 벌어집니다. 일명 '지하철 쩍벌남'은 단순한 '진상'이 아니라 자기 몸의 경계를 모르는 사람입니다. 이렇게 내 몸의 경계를 알지 못하는 것은 사회성에도 영향을 미칩니다.

내 몸에 뭐가 와닿았는지 잘 느끼지 못하는 사람은 어느 정도의 접촉이 좋은 느낌이고, 어디서부터가 불쾌한 느낌인지 그 경계를 구분하지 못합니다. 이것이 정신적인 영역에까지 이르면 자신이 무슨 말을 하는지 모른 채로 말을 하고, 무슨 행동을 하는지 모른 채로 행동합니다. 그 결과 타인과 상처를 주고받게 됩니다.

아기 띠는 육체적 경계를 느끼게 해주는 훌륭한 물건입니다. 그러니 아기 띠를 맨다면 부디 한 번만 더 생각해 주십시오. 유모차도 마찬가지가 아닐까라는 생각에 부모 쪽을 바라보는 값비싼 유모차를 마련해야 하나 생각한다면 그럴 필요는 없습니다. 유모차는 부모와 분리가 좀 더 가능한 아이들에게 사용됩니다. 그러니 번잡한 장소에서의 사용이 아니라면 크게 걱정하지 않아도 좋습니다.

내 유년 시절의 리듬 생활

어릴 적 부모님은 제게 나름의 건강한 리듬 생활을 만들어 주었습니다. '나름'의 건강한 리듬이란 부모님의 '기준이 명확했다'는 뜻입니다. 부모님의 기준은 '일곱 살 아이가 해야만 하는 일이란 없으며, 특별한 것을 제공하지도 않았고, 잘 먹고 잘 놀고 잘 자는 큰 틀 안에서 하루를 보내게 했으며, 그 하루를 분주하게 채우지 않는다'였습니다.

저의 일상은 지극히 평범했습니다. 대신 매우 중요한 사실이 하나 있습니다. 부모님께서 '스스로를 돌보는 리듬 생활'을 하셨다는 것입니다. 물론 지금도 하고 계십니다. 전업주부인 어머니와 경제활동을 하셨던 아버지는 가정 내에서의 기상시간, 취침시간, 식사시간에 규칙성을 두는 것은 기본이고 제가 늦게까지 깨어 있게 놔두지 않으셨습니다. 저의 일곱 살을 평온했던 시절로 기억하는 이유는 그때 부모님은 취침시간이 바뀔 정도로 하루의 리듬을 깨는 일이 거의 없으셨기 때문입니다.

지금의 부모들은 잔잔한 일상을 잘 견디지 못합니다. 인위적인 자극들에 길들여진 탓입니다. 아이들을 데리고 주말마다 캠핑이나 인위적인 몰입을 하게 만드는 장소로 소풍을 가는 일이 지나치게 자주 벌어집니다. 이는 취침 리듬을 비롯한 하루의 리듬을 깨는 것입니다. 어쩌다 한두 번 가는 캠핑과 소풍이 아이에게 해가 되는 것이 아니라, 안정감을 주는 규칙성에 적응해야 하는 유년기 아이들에게 일상적인 규칙성에 대한 신뢰가 생기기도 전에 그 규칙성을 반복적으로 깨는 데 문제가 있는 것입니다.

매주 토요일마다 뒷산에 오르는 것과 매주 토요일마다 쉬지 않고 외부 장소로 잠자리를 바꾸거나 자극적인 것에 노출되는 활동으로만 채우는 것은 다릅니다. 이미 자극에 길들여진 사람들은 잔잔한 일상 속에서는 추억을 만들지 못합니다. 추억이 특별한 장소와 특별한 상황으로 만들어진다고 생각합니다.

주중에 늘 저와 함께하는 시간이 많았던 어머니는 스스로를 돌보는 행위, 즉 하루 중 길지 않은 시간을 '정기적으로' 무엇인가를 (어느 장소를 방문하거나 비용을 지불하는 것이 아니더라도 종종 스스로 연습하며) 배우고 독서하는 데 할애했습니다. 아버지는 '주말 오전이면 어김없이' 운동을 하고 집에 돌아와 '기타를 치고 노래하며' 식구들과 시간을 보냈습니다. 그럴 때 아버지의 행복한 표정을 보았던 어린 저는 그런 반복이 즐거운 일이라는 것을 배울 수 있었습니다. 가끔 그러한 행위를 외형적으로 흉내 내며 놀기도 했습니다.

어른이 된 후 저는 어머니께 하루 종일 옆에 붙어 있는 딸이 귀찮지 않았냐고 물은 적이 있는데, 그런 생각은 전혀 들지 않았다고 합니다. 그 이유 중 하나는 어머니가 정신적 여유를 찾을 수 있는 혼자만의 시간을 충분히 가졌기 때문입니다. 혹시 경제적으로 풍족해서 그랬던 것이 아닌가라는 오해를 피하기 위해 이야기하자면, 부모님은 단칸방에서 시작하여 자식들에게 힘든 내색하지 않고 힘들게 아껴가며 가계를 꾸려 나갔습니다. 그런 중에도 어머니는 하루 중 당신 할 일을 하는 시간과 저와 정서적으로 함께 있는 시간을 구분할 줄 알았습니다. 배움이나 독서를 취미 삼아 스스로를 위할 줄 아는 여성이었고, 그에 따라 저는 자유 놀이를 할 시간이 충분했습니다.

아침에 일어나 씻고 나오면 어머니는 '머리를 빗어 묶어 주었고', 어머니가 아무것도 하지 않을 때 옆에 가서 앉으면 '손가락으로 머리를 빗어 주었고', 어머니와 '함께 그림동화책을 보았고', '주말마다 해주는 계절 간식'은 어머니와 저를 아주 가깝게 연결시켜 주는 의식 행위였습니다. 지금은 다 큰 딸이지만 옆에 앉으면 손가락으로 머리 빗어 주기는 아직도 종종 해

주는 의식행위입니다.

의식 행위에서 가장 중요한 것은 정서적인 교감입니다. 그러니 사실 의식 행위는 아이를 '사랑해서 나도 모르게 의식하지 않은 상태로' 반복했을 때 진정한 의미를 가집니다. 부모가 마치 일삼아 의무감에 행한다면 아이에게 긍정적인 영향을 줄 수 없습니다. 그렇기 때문에 가정 내에서 할 수 있는 의식 행위의 예시를 제시하는 것이 무의미합니다.

'내가 특별히 더할 것이 없구나! 나는 지금도 잘하고 있구나!' 하고 느끼는 분들이 많을 거라고 생각합니다. 우리는 사랑하는 사람과 함께 있으면 자신도 모르게 그 사람에게 같은 행동을 반복합니다. 얼굴이나 머리를 만지거나, 맛있는 것을 만들어 주거나, 그 사람이 좋아하는 것을 알아내기 위해 노력하거나, 아니면 그저 함께 있거나 말입니다.

제 어머니는 기준은 명확했지만, 해도 되는 것과 하면 안 되는 것을 구분해 주면서 제 마음을 상하게 한 적은 있습니다. 어머니 표현에 의하면 어린 애(제 어머니)가 애(저)를 키우느라 방법을 몰라 그랬다고 합니다. 그럼에도 사랑으로부터 흘러나온 의식 행위, 엄마도 모르게 아이에게 하는 행동이 어린 저에게 '엄마는 언제나 내 편'이라는 인식이 자리 잡게 했습니다.

인간적인 실수는 하더라도 두 분은 스스로를 방치하지 않았습니다. 주말을 제외하고 매일 거나하게 취해 동네가 떠들썩

할 정도로 떠들며 귀가하던 옆집 아저씨처럼(당시에는 이해할 수 없었지만 사회생활이 얼마나 힘들었으면 현실을 잊고 싶을 정도로 늘 취해 있었을까 이제는 이해가 됩니다) '건강을 해치는 무절제함'도 없었습니다.

제 부모님은 지금도 당신들만의 리듬 생활인 배우기와 독서, 운동하기와 기타 연주를 30년 이상 하고 있습니다. 또한 예전보다 더 풍요로운 생활을 하면서 젊은 제가 부러울 정도로 건강하십니다. 중요한 것은 두 분이 딸을 위해 일부러 무엇을 제공하는 것이 아닌 자연스러운 리듬 생활을 몸소 실천함으로써 제가 그 틀에 정착하게 했다는 것입니다.

이쯤 되면 리듬 생활이라는 것은 자연스러운 생활이라는 것을 알 것입니다. 또한 발도르프 교육 철학이 특정한 방식이 아닌, 이미 우리가 일상에서 실천하고 있는 자연스러운 교육이라는 사실도 더 잘 알게 되었을 것입니다.

베이비 붐 세대가 낳은 에코 세대는 자연스럽게 살기 위해 '노력을 해야만 하는', 어찌 보면 정상적이지 못한 시대를 살고 있습니다. 미디어가 범람하고 극심한 자극에 둘러싸인 환경에서 살고 있기 때문입니다. 그것들에 적당히 반응하고 스스로에게 관심을 돌릴 수 있을 때, 2017년 지금 유년기 자녀를 둔 부모들인 현 에코 세대는 건강한 삶의 리듬을 되찾을 수 있을 것입니다.

7장

가정 밖에서의 리듬 생활

집 안에서의 모습과 집 밖에서의 모습이 다른 아이

자립을 강요받는 아이들

학원으로 내몰리는 아이들

사교성에 대하여

관계에 대한 신뢰

사례 - 어린이집의 리듬 생활

집 안에서의 모습과 집 밖에서의 모습이 다른 아이

교육이나 양육을 위해 유년기 아이들과 함께 생활할 때 반드시 염두에 두어야 할 점이 있습니다. 아이는 물론 어른들 역시 만나는 사람이나 집단, 장소의 분위기에 따라 드러나는 언행이 다를 수 있습니다. 집에서는 편하니까 거리낌 없이 말하고 행동하지만, 집 밖에서는 예의를 갖춘 행동을 하는 것처럼 말입니다. 이렇게 집 안과 집 밖에서 조금 다른 모습을 보이는 것은 지극히 평범하고도 자연스러운 것입니다.

그런데 집 안과 밖에서의 모습이 크게 다르다면 이야기는 달라집니다. 그것은 자연스러운 것이 아니기 때문입니다. 그 모습이 180도 완전히 다르다면 그 사람은 두 곳 중 한 곳에서 견디기 힘든 고통을 받고 있다는 뜻입니다. 예를 들어, 집에서는 말을 잘 듣는 순종적인 아이인데 밖에서는 주변 사람들로부터 좋지 않은 평가를 듣는다거나, 반대로 밖에서는 칭찬받고 다니면서 식구들에게 난폭하다면 이 아이는 두 장소 중 한 곳에서 고통받고 있는 것입니다.

유년기 아이들을 돌보는 교육기관의 교사들은 '아이의 행동을 관찰해야 하는 의무'가 있습니다. 그래서 아이가 옳지 않은 행동을 보이면 부모에게 전달합니다. 이때 상당수의 부모들은 '집에서는 안 그러는데… 왜 내 아이를 문제 있는 아이처럼 바라볼까?'라고 생각합니다. 그에 따라 기분이 상하기도 하고 교사에게 반감을 가지기도 합니다.

아이들은 장소가 바뀌거나 집단의 성격이 다르면 얼마든지 시시때때로 다른 행동을 할 수 있습니다. 그래서 교사는 처음부터 가정 내 생활을 의심하기보다는 교육기관의 내부 분위기를 살펴야 합니다. 또한 교육기관 내에서 어떤 노력을 할 수 있을지 고민해야 합니다. 동시에 아이의 특별한 행동을 부모에게 반드시 전달해야 합니다. 이는 교사의 중요한 의무입니다.

아이의 '특별한 행동'을 전달받은 부모는 그 전달 사항을 자신을 향한 지적으로 받아들이면 안 됩니다. 아이가 얼마든지 집단에 따른 다른 행동을 보일 수 있다는 사실을 먼저 떠올려야 합니다. 그래서 집 밖에서의 특별한 행동의 원인을 '교사 탓, 교육현장의 탓'으로 돌리기 전에, 단체생활을 위해 어떻게 협조할 수 있을지 고민해야 합니다. 잘 모르겠다면 반드시 교사에게 자문을 구해야 합니다.

교사가 아이의 특별한 행동을 부모에게 전달하는 목적은 아이의 건강한 성장을 돕기 위함입니다. 그 어떤 경우에도 부모의 잘못을 지적하고 수치심을 유발시켜 자존심에 상처를 내기 위함이 아닙니다.

물론 교사들 중에 표현방식이 미성숙하여 감정적으로 부모를 질타하고, 부탁이 아닌 명령을 하기도 합니다. 그 명령은 대부분 좋은 방법이기보다는 '아이를 (순종적으로 만들기 위해) 잡아라' 식입니다. 이렇게 이야기하는 교사에게는 부모가 협조 방법을 물어볼 수 없을 것입니다. 또한 부모가 완벽주의자이거나 피해의식이 클 경우 교사는 아이의 특별한 행동을 사실대로 전달할 수 없을 것입니다. 부모가 무고한 피해자로 자처하는 반응을 보인다면 교사는 의무를 이행할 수 없습니다.

어른들은 완벽하지 않고 아이들은 많이 미성숙합니다. 대부분 아이들의 특별한 행동은 안과 밖에서 만나는 어른들이 어떻게 함께 협조하느냐에 따라 저절로 사라집니다.

사람이 성숙하면 때와 장소와 사람에 '맞춰' 행동하는 것이 가능하지만, 아직 미성숙하다면 그렇게 하지 못합니다. 그래서 집에서는 안 하는 행동을 밖에서는 얼마든지 하기도 하는 것입니다. 누구를 신경 쓰느라 하지 못했던 많은 행동을 그가 없는 곳에 가서는 예의에 어긋나더라도 마음껏 하는 것입니다.

가령, 집 안이 어지럽혀지는 것을 보지 못하는 부모와 함께 사는 아이는 집 안에서 좌절감을 경험합니다. 심한 경우 부모는 모든 물건을 아이의 손이 닿지 않는 높은 곳에 올려 두기 때문입니다. 이때 아이는 집 안에서 '내 마음대로 할 수 있는 것이 없다'는 좌절감을 맛보게 됩니다. 그러다 어린이집이나 유치원에 가면 손에 닿는 물건들에 집착하거나, 친구나 교사에게 폭군처럼 행동합니다. 이곳이 아니면 자신이 이럴 수 있는 시간이 없다는 것을 잘 알기 때문입니다.

이 경우 풀어야 할 문제는 집 안에 있습니다. 아이의 특별한 행동에 대해 부모와 교사가 이야기를 나누는 것은 지적하고 혼내는 것이 목적이 아니라 서로 협조하기 위함입니다. 교사와 부모는 서로 도움을 요청하고 도울 수 있는 관계가 되어야 합니다.

아이의 특별한 행동은 어른들에게 보내는 메시지입니다. 그러나 부모의 양육 방식이나 교사의 교육 방식에 문제가 있다고 알리는 것이 아닙니다. 부모와 교사 간의 '인간적인' 관계가 제대로 형성되어 있지 않음을 알리는 것입니다. 우리는 무의식중에 많은 문제들을 아이에게 덮어씌웁니다. 그러나 대부분 어른들끼리 타협하지 못하는 데에 문제가 있는 것입니다. 아이에게는 사실 아무 잘못이 없습니다.

집 안과 밖에서의 모습에 큰 차이가 없는 아이가 건강한 것입니다. 두 곳 중 한 곳에서는 '나'를 숨겨야 한다고 생각한다면 아이에게는 견디기 힘든 고통입니다. 그런 고통을 주지 않기 위해 집 안과 집 밖에서 협조하여 신경 써야 할 것이 바로 아이의 리듬 생활입니다. 그래서 아이의 일상을 가정에서도 교육기관에서도 리듬 생활을 통해 해로운 반복을 멈추고 유익한 반복으로 채워 줘야 하는 것입니다.

아이의 특별한 행동들은 대부분 무의식중에 이루어지는 해로운 반복에서 비롯됩니다. 예를 들면, 비교하는 습관을 가진 부모는 **자신도 모르게** 내 아이를 남의 아이와 비교합니다. 그런 비교를 당하는 아이는 자존감에 문제가 생기면서 열등감을 키우게 됩니다. 그 열등감은 타인과의 관계를 매끄럽지 못하게 만드는 요인이 됩니다. 부모는 자신이 무의식중에 하는 해로운 반복에 어떤 것들이 있는지 반드시 알아차려야 합니다.

자립을 강요받는 아이들

요즘 부모들은 아이의 감정적 상처를 지나치게 염려한 나머지 유익한 것과 해로운 것을 명확하게 구분하려 하지 않습니다. 애매하게 구분해 자기 합리화를 하는 일이 자주 벌어집니다. 그것을 분명히 구분할 수 있을 때 아이의 존엄성을 지켜 주는 일이 가능합니다. 그런데 아이를 인격적으로 존중한다는 명목 하에 그러한 구분을 명확하게 하지 않은 채 아이와 상의를 합니다.

등받이 의자와 등받이가 없는 의자가 나란히 놓인 곳에서 네 살짜리 아이에게 등받이 의자를 가리키며 "여기에 앉을까?" 하고 묻습니다. 그러나 아직 스스로 몸을 자유롭게 가누지 못하는 네 살짜리 아이는 등받이 의자에 앉아야 합니다. 이것은 어른으로서 아이를 지켜 주기 위해 물을 필요 없이, 아이를 등받이 의자에 잘 앉혀 줘야 합니다.

만약 아이에게 "등받이 의자에 앉을래?" 하고 물으면 그러겠다고 대답하는 아이도 있지만 대부분의 아이들은 "싫어!"라고 말합니다. 그런데 이 '싫어'라는 말에는 등받이 의자에 앉기 싫다는 뜻보다 '나에게 그렇게 질문해서 내가 선택하게 하지 마! 나에게 자립을 강요하지 마! 나는 아직 준비가 안 되어 있어!'라는 뜻이 큽니다.

독일 작가 미하엘 엔데가 쓴《마법의 설탕 두 조각》은 그런 아이들의 심리를 잘 보여 줍니다. 이 이야기는 부모 말을 따르기 싫은, 자기 마음대로 하고 싶은 유년기 여자 아이 렝켄의 이야기입니다(아이가 초등학교 저학년의 경우 부모와 함께 읽어 보는 것도 좋습니다). 줄거리는 이렇습니다.

자기가 원하는 것을 다할 수 있으려면 부모를 이겨야 한다고 생각한 렝켄은 요정을 찾아가 각설탕 두 개를 받아 옵니다. 마시는 차에 몰래 그것을 타서 엄마와 아빠가 먹게 되자, 두 사람은 렝켄의 말에 반대할 때마다 몸집의 크기가 절반으로 줄어드는 신기한 설탕입니다. 결국 렝켄의 말을 여러 차례 반대한 엄마와 아빠는 반, 반의반, 계속 그런 식으로 줄어들어 장식장 속 인형들처럼 작아졌고 힘도 없게 됐습니다. 렝켄은 자기 마음대로 생활을 할 수 있어서 좋았지만 통조림을 억지로 따다가 상처가 나기도 합니다. 부모의 돌봄이 필요한 일들과 하나씩 마주하게 되면서 다시 요정을 찾아가 엄마와 아빠를 원래대로 되돌려 놓습니다. 렝켄은 다행이라 생각하며 예전처럼 엄마와 아빠에게 막무가내로 우기는 일을 하지 않았고, 부모 역시 렝켄의 말에 무조건 반대하지 않게 됐다는 이야기입니다.

이 이야기에서 렝켄의 말에 반대할 때마다 절반으로 계속 줄어드는 부모의 크기는 부모의 권위가 작아지는 것을 상징합니다. 그리고 요정은 부모의 또 다른 모습을 상징합니다. 요정은 마치 '그래? 그럼 어디 한번 네 마음대로 해봐. 네 마음대로 했을 때 무슨 일이 일어나든, 그건 네가 원한 일이니 네 책임이야'라는 상징이 표현된 것입니다. 요정은 렝켄에게 다음과 같이 말합니다.

"난 네 결정에 어떤 영향도 미치고 싶지 않단다. 혼자 생각해서 네가 옳다고 생각하는 대로 결정을 내려야 해."

요정의 이 말을 들은 렝켄은 너무나도 괴로워합니다. 어떤 일이 벌어질지 몰라 두렵기 때문입니다.

저도 어릴 적 어머니께서 무엇을 하라고 했는데 싫다고 했더니 "아휴, 나도 몰라. 하든지 말든지 네 마음대로 해!"라고 하셨습니다. 저는 얼른 "알았어! 하면 될 거 아니야!"라고 툴툴거리며 대답했던 기억이 납니다. 내 마음대로 했을 때 벌어질 상황을 몰라, 두려움에 결국 짜증을 내면서 부모의 권위를 따른 것입니다.

유년기 아이에게 물어보며 상의하는 일은 아이에게 자립을 강요하는 일입니다. 말없이 부드러운 행동으로 어른이 결정을 내려 줄 때 아이들은 안정감을 느낍니다. 현관문 앞에서 집에 들어가기 싫다는 아이에게 "우리 들어갈까? 신발 벗고 들어갈까?"라고 묻는 것이 아니라, 아이를 안아 집 안에 들여놓으면 됩니다. 그러면 아이는 잠깐 툴툴거리다가 언제 그랬냐는 듯 집 안에서 자기 할 일을 합니다.

아이들은 밥 대신 초콜릿을 먹어도 되는지 안 되는지, 차에 타면 안전벨트를 매야 하는지 아닌지 등을 아직 판단하지 못합니다. 따라서 그런 일들을 아이가 직접 결정한다는 것은 아이의 존엄성을 지켜 주지 못하는 것입니다. 질문을 받고 스스로 선택할 것이 많은 아이들은 불안해합니다. 그 이유는 단 한 가지입니다. 부모는 언제나 나를 지켜 주고 보호해 주는 사람들이라고 생각했는데 그게 아니기 때문입니다.

마법의 각설탕을 먹은 렝켄의 부모처럼 힘없이 작아져 버려서 아이에게 자립을 강요합니다. 그래서 아이는 불안하고, 불안한 아이들은 거친 언행이 나옵니다. 스스로를 지켜야 하기 때문에 강하게 말하고 강하게 행동함으로써 아무도 자신을 함부로 건드리지 못하게 방어합니다. 부모는 물론 밖에서 만나는 다른 사람들에게까지 말이죠.

부모가 아이와 묻고 상의하는 것은 습관이 될 수 있습니다. 그런 부모는 늘 사탕과 과자와 장난감을 넉넉하게 준비합니다.

그런 아이는 자기가 원하는 것을 얻는 방법을 이미 터득한 상태입니다. 싫다고 하면 초콜릿을 먹을 수 있고, 싫다고 하면 새 장난감이 생기기 때문입니다. 따라서 부모는 아이에게 물어도 되는 것과 아닌 것을 구분할 줄 알아야 합니다.

딸기맛 사탕과 포도맛 사탕 중 어떤 것을 먹을지 묻는 것은 괜찮습니다. 그런데 밥 먹기 전에 사탕을 먹겠다는 아이에게 "밥 먹고 나서 먹을래?"는 묻지 말아야 할 질문입니다. 아이에게 사소한 것을 묻고, 아이에게 무엇을 하자고 조르는 식

의 태도를 보이는 부모는 그릇된 방식으로 아이를 존중하는 것입니다.

어린이집에서의 리듬 생활이 모두 끝나 아이를 데리러 가는 부모들 중 "여기서 더 놀다 올래?"라고 묻는 경우가 많습니다. 어린이집에서의 활동은 그 안에서 활동과 휴식이 번갈아 있습니다. 그러나 아이의 하루 생활을 놓고 보면 어린이집은 집 밖에서 일어나는 일이고 단체생활이므로 '활동'에 속합니다. 그러므로 '휴식'이 이어져야 합니다. 그러나 아이들은 언제 쉬어야 하는지를 모릅니다.

어른이 쉼표를 찍어 주어야 합니다. 그런데 부득이한 사정이 있는 것도 아닌데 '활동'이나 '휴식'을 아이에게 묻는 것은 아이를 방치하는 것과 같습니다. 때로 부모가 조금 쉬고 싶은 마음에 묻는 경우가 있습니다. 쉬고 싶어 하는 마음이 잘못된 것이 아닙니다. 문제는 아이가 어린이집에 가 있는 동안 부모가 '쉬지' 않고 있는 것에 있습니다. 다른 사람과 시간을 함께 보내거나 스마트폰에 빠져 끊임없이 '활동'을 합니다.

쉬지 못하는 어른은 아이도 쉬지 못하게 한다고 말씀드린 것을 기억하시나요? 따라서 아이에게 더 놀다 올 것이냐고 묻지 말고 심심한 시간을 리듬 생활로 이어 주면 됩니다. 그러면 부모는 아이와 잠시 놀아 주지 않아도 되는 여유 시간을 가질 수 있습니다.

아이에게 자주 의견을 물어보는 부모들 중에는 정리를 잘 못하는 경우도 많습니다. 한겨울에 한여름 옷을 입겠다고 떼쓰는 아이들이 있습니다. 그때 아이에게 물어보거나 조르는 식으로 겨울옷을 입자고 한다면 아마도 아이와의 타협은 쉽지 않을 것입니다. 아이가 한겨울에 여름옷을 입겠다고 하는 이유는 한겨울에 여름 물건들이 눈에 보이는 곳에 있기 때문입니다.

계절에 맞게 옷장과 신발장을 정리하면, 그때는 아이가 무엇을 입겠다고 해도 웬만해서는 괜찮을 것입니다. 계절에 맞을 테니까요. 이렇듯 부모의 **무의식적인 반복이 빚어내는 결과**를 볼 수 있어야 합니다. 결과만 놓고 "대체 얘가 왜 이러나 몰라"라고 하는 것은 끼니를 걸러서 배고픈 것이 당연한 데도 "왜 이렇게 배고프지?" 하는 것과 다르지 않습니다.

차에 아이를 태우면서 "안전벨트를 맬까?"라고 물을 것이 아니라, 안전벨트를 매자고 이야기해 줍니다. 아이가 매기 싫다고 하면 "벨트 매면 초콜릿 줄게"라고 조를 것이 아니라, 아이가 짜증을 조금 내더라도 직접 아이에게 안전벨트를 매줍니다. 외출 후 손을 씻지 않겠다고 버티는 아이에게는 손을 잡고 손 씻기를 유도하거나 씻겨 줄 수 있는 보호자가 필요합니다.

부모로서 마땅히 아이의 육체적 · 정신적 건강을 지켜 주어야 하는데 아이에게 물어본다는 것은 아이를 방치하는 것입니다. 현대의 많은 아이들이 심각한 수준으로 방치되고 있습니다. 더 큰 문제는 그러한 부모들이 아이를 인격적으로 존중하며 살고 있다고 착각한다는 사실입니다.

학원으로 내몰리는 아이들

무언가를 배울 준비가 되어 혹은 배움에 대한 확고한 의지가 있어 아이를 위한 최소한의 학원만 택한 부모가 있습니다. 반면 아이 친구들이 다들 방과후에 학원에 가 있어 함께 놀 친구가 없어서 학원에 보내는 부모가 있습니다. 두 부류의 부모 밑에서 자라는 아이들이 느끼는 바는 전혀 다릅니다.

어릴 적, 방과후에 바로 보습학원으로 가서 여러 과목들을 공부하고 저녁에 귀가하는 친구들의 표정을 저는 아직도 선명하게 기억합니다. 동갑이었던 단발머리의 한 소녀가 세상을 다 산 듯한 표정으로 먼 산을 넋 놓고 바라보는 모습이 하도 신기해서 그 표정에 빠져들었었습니다. 마치 어른 같아서 '와, 재는 참 언니 같고 어른스럽다'고 생각했었습니다. 그런데 제가 어른이 되고 보니 그 표정은 강한 통제 때문에 자신의 욕구를 잊은 상태에서 나온 무기력함이었습니다.

자녀에게 친구가 없을까 봐 걱정하는 부모들은 아이가 외롭고 심심할 것이라고 오해합니다. 그러나 실제로 아이들은 어른들이 생각하는 심각한 수준으로 외로움과 심심함을 느끼지 않습니다. 오히려 혼자 있으면서 원하는 것을 해볼 시간을 충분히 갖게 되어, 더 주체적으로 생각하고 행동할 수 있는 용기를 키워 나갈 수 있습니다.

아이를 학원에 보내기 싫은데 방과후에 놀 친구들이 모두 학원에 가 있어 보내는 경우, 배움은 부차적인 목적이 되고 '친목도모'가 주목적이 됩니다. 어떤 행위를 '목적'으로 함께 하는 친목도모는 어른들의 방식입니다. 동호회가 그 좋은 예입니다.

제가 성인 아마추어 리코더 오케스트라를 만든 이유 역시 주위 사람들과 함께 리코더를 가지고 놀기 위해서입니다. 제가 모여서 리코더를 불자고 제안했고 저의 제안을 때마침 원했던 사람들이 모여 함께 놀게 되었습니다. '함께 리코더를 불 사람들 모여 주세요'에는 '우리 친구해요'라는 의미를 포함합니다. 우리는 모여서 연습을 하지만, 연습 전이나 후에 음식을 함께 나눠 먹으면서 하는 대화가 더 즐겁습니다. 다양한 연령층의 사람들이 모여 있어 서로 배울 점도 많고 위로도 됩니다. 이렇듯 어른들은 공통의 관심사를 매개로 모여 친목을 도모합니다. 어른이 되어 학교가 아닌 곳에서 새로운 친구를 사귀는 방법은 이런 것입니다.

아이들이 친구들과 어울리는 시간, 물리적으로 사람을 만날 기회를 갖는 것은 학교에서 보내는 시간으로도 충분합니다. '학교'는 스스로의 선택은 아니지만 아이가 속해 있는 집단입니다. 학교에 다니는 아이들은 매일 적지 않은 시간을 집단 속에서 보냅니다. 취학 전의 아이들에게는 유치원 또는 어린이집 등이 그런 곳이 되겠죠.

혼자 보내는 시간이 없거나 적다면 자신이 원하는 것을 알고 행동하는 주체성을 갖기 어렵습니다. 사람을 사귈 때 필요한 것이 주체성인데 사교성만 걱정하는 일이 벌어지는 것입니다. 주체성이 있다면 언제든 자기가 놀고 싶을 땐 마음에 맞는 친구를 만나서 함께 놀 수 있습니다. 주체성은 리더십과 연결이 됩니다. 그렇게 성장한 사람 곁에는 사람들이 모입니다. 또래 친구들과 보내는 시간이 없다고 친구가 없을 거라는 걱정은 하지 않아도 됩니다.

에코 세대에 속하는 제 개인적인 이야기가 여러분들의 이해를 좀 더 명확하게 도울지도 모릅니다. 제가 일곱 살이 되던 해 부모님은 집을 조금 넓혀서 낯선 동네로 이사를 했습니다. 그리고 저는 이사와 동시에 유치원을 그만 다니게 되었습니다. 친구들과 헤어진 저는 그때부터 학교에 입학할 때까지 1년이라는 기간 동안 집에 있었습니다. 다른 친구들은 모두 유치원에 다녔고, 하나뿐인 동생 역시 다섯 살이 됐다고 유치원에 다니기 시작했습니다. 밖에 나가도 또래 친구는 전혀 없었고 가끔 나이 어린 동생들뿐이었습니다. 그러나 그때 저는 심심함이나 외로움을 느끼지 못했습니다.

그 긴 방학 같은 시간을 부모님은 '나름의 좋은 리듬으로(6장 참조)'으로 채워 준 덕분이기도 했지만 개인적으로 혼자 노는 시간이 나쁘지 않았습니다. 인형 놀이 한번을 해도 누구의 눈치를 볼 필요도 없이 내 마음대로 할 수 있었으니까요. 그리고 여덟 살이 된 저는 학교에 입학했습니다.

1학년 때는 기억이 잘 나질 않지만 2학년이 되어 학기 초에 반장선거에 나갔습니다. 다섯 명 정도가 나갔고, 제가 앞에 나가서 뭐라고 이야기를 했는지는 모르겠습니다. 그런데 여기저기서 '나는 김현경이 반장하면 좋겠다'는 아이들의 수다가 들렸고 저는 몰표를 받아 반장이 되었습니다. 학년이 올라가면서 저는 친구들의 수가 계속 늘어났고 계속해서 반장이 되었습니다. 제가 반장이 된 사실이 중요한 것이 아니라는 것을 아실 것입니다. 1년이라는 긴 시간을 혼자 놀다 정말 오랜만에 낯선 동갑내기들을 만나게 됐을 때, 그 혼자 있었던 시간이 동갑내기들과 어울리는 데 마이너스가 되기는커녕 오히려 플러스가 되었다는 뜻입니다.

또래 친구들과 교류가 없었던 1년의 시간 때문에 학교 입학 후 반 친구들과 어울리지 못하는 일은 전혀 없었습니다. 오히려 혼자 보낸 시간 덕분에 내가 무엇을 원하는지 여러 친구들이 바라보는 앞에서 분명히 이야기할 수 있게 되었다는 것입니다. 물론 저는 완벽하지 않습니다. 하지만 제 곁에는 여전히 저를 다듬어 주는 고맙고 존경스러운 친구들이 있습니다.

더 중요한 것은 1년을 혼자 집에 있게 했던 부모님은 저에 대해 전혀 염려하지 않았습니다. 오히려 주변 사람들이 "현경이도 어디 좀 보내야 되는 거 아니냐"고 걱정을 했었습니다. 제가 살던 동네 어른들에게는 아이가 유치원이나 학원에 다니지 않는 것이 이상하게 여겨졌기 때문입니다. 중요한 사실은 부모님이 저를 의심하지 않았다는 것입니다. 제가 친구를 못 사귈까 봐, 학교 공부를 따라가지 못할까 봐, 제가 장차 드러낼 저의 잠재력을 과소평가하지 않았다는 것입니다.

사교성에 대하여

유년기 아이들을 보면 사교성이 특히 좋은 아이들이 있습니다. 타고난 기질이나 생활환경 등의 영향을 받아 그렇기도 합니다. 하지만 그 시기는 대부분 사교성이 발달하는 과정 중에 있기 때문에 친구가 많다고 해서, 여럿이 함께 논다고 해서 무조건 사교성이 좋은 것은 아닙니다. 어떤 부모는 유년기 아이에게 상상 속에나 존재할 이상적인 사교성을 가질 것을 요구합니다.

사교성이란 내가 먼저 다른 사람에게 다가가는 것과 내게 다가오는 사람을 받아들이는 것과 연관됩니다. 그러기 위해서는 첫째 **스스로가 사람에 대한 관심으로부터 사람을 사귈 필요성**을 느껴야 하고(욕구), 둘째 **자신에 대한 확신**이 있어야 하며, 셋째 **자기 반성**이 가능해야 합니다. 이것이 사교성이 발휘되기 위한 조건입니다.

필요성을 느끼지 못하면, 다가가지도 않고 다가오는 사람도 마다합니다. 자기 확신이 없다면, 거절당할 것이 두려워서 다가갈 수도 없고 쉽게 받아들이지도 못합니다. 게다가 내가 어떤 사람인지 돌아보며 살지 않으면, 마음에 드는 사람은 나를 싫어하고 마음에 들지 않는 사람은 나를 원하는 일이 벌어집니다.

자기 확신과 자기 반성은 어느 정도 성숙해졌을 때 가능하기 때문에, 어린 시절의 사교성은 '필요성'에서부터 시작될 것입니다. '건강한' 사람이라면 사람에 대한 순수한 관심에서 사귀고 싶다는 생각을 갖게 됩니다. **혼자 할 수 없는 것을 함께하기 위해서, 혼자 누리기 아까운 것을 함께 나누기 위해서** 말입니다.

붙임성 좋은 아이들은 처음 보는 아이에게도 말을 걸어 '내가 재미를 느끼는 곳 또는 나에게 재미있는 것'으로 같이 가자고 하거나 보여 주고 싶어 합니다. "저기 가서 미끄럼틀 타자~"라고 말하거나 무언가를 가리키며 보여 주는 식으로 말이죠.

사람을 사귀고 싶다는 필요성이 외로움에서 비롯된다고 생각하면 오해입니다. 만약 외로워서 사람을 사귀게 되면 관계가 틀어져 혼자가 될까 두려워, 그 관계 때문에 휘둘리는 경우가 허다합니다. 자신의 주장을 숨기기 때문입니다. 함께하고 싶고 좋은 것을 나누고 싶어서 능동적으로 다가가 사귀면 서로 양보하고 배려하는 것이 가능한 건강한 관계로 이어집니다. 사람을 사귀는 것은 다른 누가 대신해 줄 수 있는 것이 아닙니다.

부모들끼리 친해서 자주 만나도 그 자녀들끼리는 서로 관심이 없는 경우가 많습니다. 자녀들의 사교성이 떨어져서가 아니라 부모들끼리 친한 것이 자녀의 욕구와는 무관하기 때문입니다. 사교성은 타고난 기질의 영향도 받지만 후천적으로도 발달합니다. 사교성이 좋다는 말은 관계 때문에 휘둘리거나 휘두르지도 않는, 서로 보호하고 보호받을 수 있는 관계를 맺을 때 할 수 있는 말입니다.

소극적인 사람이 적극적인 사람에게 끌리듯이 반대 성향을 가진 사람에게 끌리는 것은 자연스러운 일입니다. 그런데 서로를 이용할 목적으로 관계를 맺는다면 건강한 관계라 할 수 없습니다. 사교성이 좋은 사람들은 사람들을 이용하지 않습니다. 아이들의 사교성 문제를 논하기 전에 부모들은 자신의 사교성부터 돌아봐야 합니다. 자신에게 이득이 될 것 같은 사람은 환영하고, 이로울 것이 없는 사람이 다가오면 멀리하는 것은 사교성이 떨어지는 전형적인 모습입니다.

유년기의 아이들은 가정 내에 가족들과의 관계를 통해 사람에 대한 경외심과 신뢰감을 느낍니다. 또한 부모의 사교성을 지켜보면서 서서히 사교성을 키워 나갑니다. 사교성을 키워 나가는 일은 평생 진행됩니다. 따라서 자녀의 친구를 만들어 주는 것이 자녀의 사교성을 키우고 확장시키지 못합니다. 부모는 결코 친구를 만들어 줄 수 없습니다.

사람에 대한 관심, 함께하고 싶은 욕구, 자기 확신, 자기 반성은 어느 날 갑자기 생겼다가 없어지는 것이 아닙니다. 만 9세 이하 유년기 아이의 사교성에 대해 단정 짓고 걱정하는 것은 너무 이릅니다. 누군가가 나를 목적 없이 그냥 좋아해 주는 사람이 있다면, 그 사람의 사교성은 큰 불편 없이 이 세상을 살아갈 수 있을 정도로 열려 있는 것입니다. 자녀들이 아무 목적 없이 사랑받고 있다는 것을 느낄 때 그들의 사교성도 성공적으로 열리게 됩니다.

관계에 대한 신뢰

유년기 아이들이 **아직** 잘 알지 못하는 것은 '나를 좋아하는 사람에게 상처를 주면 안 된다'는 것과 '내가 좋아하는 사람일지라도 그 사람이 나를 마음대로 휘두르게 놔둬서는 안 된다'는 것입니다. 그래서 친구에게 상처를 주기도 하고 받기도 합니다. 건강한 가정에서 자란다면 유년기에 관계의 어려움을 겪더라도 어른이 되면 이 두 가지를 자연스럽게 알게 됩니다.

건강한 가정이란 자녀가 부모에게 경외심과 존경심을 느끼며 신뢰할 수 있는 관계를 맺고 있는 가정입니다. '경외심'은 무섭지만 좋아해서 생기는 **권위** 있는 어른에게 갖는 마음입니다. '존경심'은 배울 점이 있을 때 생깁니다.

경외심과 존경심은 인간관계에서 신뢰를 형성하는 데 매우 중요합니다. 아이가 하자는 대로 부모가 끌려다니면 아이는 그 순간에는 좋아하지만 곧 불안감이 엄습합니다. 자기 마음대로 움직이는 그 어른을 신뢰할 수 없기 때문입니다.

유년기 아이들 중에 또래 친구들이나 주변 사람들을 제멋대로 휘두르려고 하는 상당수는 부모에 대한 신뢰가 깨진 경우입니다. 부모를 휘두르며 사는 아이가 또래 친구들을 휘두릅니다. 부모에게 강한 통제를 받는 아이 역시 친구들을 괴롭히는 재미로 만나기도 합니다. 이런 경우 부모와 아이 사이에 반복되는 무언가에 문제가 있을 가능성이 매우 높습니다.

만화 〈영심이〉에 등장하는 경태는 영심이를 좋아합니다. 그런데 영심이는 경태를 싫어합니다. "야! 10미터 떨어져!"라고 말하며 나란히 걷는 것조차 허락하지 않습니다. 우리가 잠시 경태라고 생각해 봅시다.

'속상한 나'는 집에 가서 부모님께 이야기합니다.

"나는 영심이가 좋아서 나란히 걷고 싶은데 영심이는 맨날 나보고 자기보다 뒤에 서서 걸으래."

그러자 부모님이 이렇게 말합니다.

"그런 일이 있었어? 영심이 그 아이 참 못됐구나! 그런 애랑 놀지 마."

과연 나의 속상한 마음이 풀릴까요? 전혀 그렇지 않습니다. 속상한 마음을 부모에게 털어놨더니 영심이가 부모님 눈 밖에 난 것입니다. 나로서는 큰일입니다. 내가 좋아하는 영심이를 부모님이 싫어하니까요. 그럼 내가 앞으로 할 수 있는 일은 영심이가 날 홀대해도 부모님께는 숨기는 것입니다. 내가 좋아하는 영심이를 보호하기 위해서입니다.

실제로 많은 부모들이 '우리 애는 눈치가 없는 건지 자기를 밀쳐 내는 아이랑 굳이 붙어서 놀려고 한다'며 걱정합니다. 그리고는 아이들이 경태처럼 속상한 마음을 드러내면 경태네 부모처럼 속상한 마음은 전혀 알아주지 않습니다. 게다가 '놀지 말라'며 아이 입장에서는 받아들일 수 없는 해결책을 내놓습니다.

아이가 속상한 일이 있어서 털어놓을 **때마다** 해결책을 제시하는 반복 행위는 문제를 더 키웁니다. 경태는 영심이가 좋기 때문에 영심이의 행동에 종종 상처 받으면서도 같이 있고 싶어 합니다. 남녀 관계이기 때문이 아니라 동성 관계에서도 충분히 생길 수 있는 일입니다. 누군가가 너무 좋으면 그 사람이 나를 바라보지 않아도 그저 한 공간에 같이 있어도 좋은 것입니다. 유년기 아이들 사이에서는 이런 일이 빈번하게 일어납니다.

건강한 가정에서 자라고 있다면 고학년이 되면서 **서서히** 자기 취향이 생기고 자기를 홀대하는 친구는 멀리하게 됩니다. 또한 자신을 좋아하는 친구에게 상처주지 않기 위해 노력하기 시작합니다. 이것을 유년기 아이들에게 요구하는 것은 과한 욕심입니다.

아이들이 속상한 마음을 부모에게 털어놨을 때는 해결해 달라는 뜻이 아닙니다. 자신의 마음을 알아 달라는 뜻입니다. 물론 아이들 중에는 '엄마가 좀 혼내 줘'라며 직접 해결을 요청하는 아이도 있습니다. 이런 경우에도 부모는 해결사로 나서지 않는 것이 문제를 키우지 않는 방법입니다. 부모가 해결사로 나서면 아이들 문제가 부모들 간의 문제로 번지게 됩니다. 가만히 뒀더라면 아이들 스스로 시간을 가지고 해결했을 문제를 더 키우게 됩니다. 따라서 아이들이 다시 관계를 회복할 기회조차 만들기 어렵습니다.

아이가 속상한 마음을 털어놨을 때 부모가 이래라저래라 하면 아이 입장에서는 '내가 그렇게 못하니까 엄마, 아빠한테 얘기하는 건데…'라는 생각과 함께 부모를 내 편으로 느끼기 어렵습니다. 이때 부모는 아이의 마음을 어루만져 주어야 합니다.

"많이 속상했구나. 영심이가 경태 마음을 좀 알아주고 같이 걸어가면 좋을 텐데. 앞으로도 속상할 땐 언제든지 엄마, 아빠한테 얘기해."

이 말 속에는 엄마와 아빠는 내 편이고, 내가 어떤 친구를 많이 좋아하는 것이 이상한 것이 아니라는 것도 알게 됩니다.

"그래? 영심이 걔 참 못됐구나! 앞으로 걔랑 놀지 마."

이 말 속에는 내가 영심이랑 노는 것이 잘못된 일이고, 영심이랑 같이 놀고 싶은 내 마음도 몰라준다고 느낄 수밖에 없습니다. 게다가 앞으로 엄마, 아빠에게 영심이 이야기를 꺼내기가 어려워 혼자 끙끙거리며 비밀도 생기게 됩니다.

부모들이 유년기 아이들에게 **무의식중에 습관적으로** 얼마나 과하게 성숙할 것을 요구하는지 알아야 합니다. 사람 사귀는 능력이 성숙하기란 어른들에게도 어려운 일입니다.

사례
- 어린이집의 리듬 생활

실제로 발도르프 교육을 지향하며 실천하는 유아 교육기관 두 군데의 리듬 생활을 소개합니다. 리듬 생활이 진행될 때의 가장 큰 특징은 하나의 리듬이 시작되었다가 끝날 때, 마치 짜여진 시간표에 따라 움직이듯 뚝 끊어졌다 다시 시작하는 것이 아니라는 점입니다.

하나의 활동에서 또 다른 활동으로 넘어갈 때 아이들이 이전의 활동이 갑자기 중단되는 느낌을 받지 않아야 합니다. 이전 활동의 몰입으로부터 서서히 빠져나와 자연스럽게 다음 활동으로 몰입할 수 있도록 교사가 직접 노래를 부릅니다. 예를 들어 교사가 "얘들아, 이제 간식 먹자!"라고 말할 필요 없이, 고요하게 분위기를 조성하는 노래를 직접 부름으로써 리듬 생활은 한층 더 자연스럽게 흘러갑니다.

신한일 어린이집(부천시 송내동) 하루 리듬

오전 리듬

- 등원 및 자유 놀이 : 대략 오전 7시 반부터 시작되는 등원 후 자유 놀이를 하는 시간입니다. 아이들은 자유롭게 그림을 그리거나 그림책을 보거나 내부에 비치된 놀잇감을 가지고 놉니다.
- 오전 간식 : 손을 씻고 오전 9시 즈음에 계절에 맞는 간식을 먹습니다.
- 자유 선택 활동 : 자연물을 가지고 놀거나 교사와 수공예를 하기도 합니다. 이 활동을 마무리할 때는 화장실도 다녀오고 손을 씻고 옵니다.
- 아침 모임 : 좋은 시구를 읊어 줍니다. 그런 후 교사가 안정감을 느끼게 해주는 장미 오일을 유아들에게 적당량 나누어 주고 눈을 맞추며 함께 오일을 바릅니다. 그리고 계절에 맞는 손유희나 라이겐(노래하며 움직이기)을 합니다.
- 바깥 놀이 및 산책 활동 : 어린이집 주변 공원 및 가까운 산으로 가서 자연의 변화를 직접 몸과 마음으로 느끼는 시간입니다. 악천후와 같은 부득이한 상황에 의해 바깥 활동이 불가능한 경우에는 실내에서 하는 자유 놀이로 대체합니다.

오후 리듬

- 점심 식사 : 낮 12시 즈음 손을 씻고 식사 후에는 양치질을 합니다.
- 실내 대근육 활동 : 자유롭게 움직일 수 있는 실내 공간에서 자유 활동을 합니다.
- 동화 듣기 및 휴식(낮잠) : 이불 위에 누워 교사가 들려주는 동화를 들으며 낮잠을 잡니다. 낮잠 후 유아는 자신의 이불과 베개를 스스로 정리합니다.
- 자유 선택 활동 및 특별 활동 : 자유롭게 상상하며 창의적인 놀이를 하기도 하고, 요일별 특별 활동을 통해 여러 가지를 경험합니다. 특별 활동은 주간 리듬에 속하는 것으로 주 1회 늘 같은 요일에 정해진 활동을 합니다. 이 시간은 기능을 익히거나 결과물을 내는 것이 목적이 아닌 감정을 깨우는 예술적 경험이 주를 이룹니다. 예를 들어 월요일은 습식 수채화를 통해 색을 경험하고, 화요일은 목공, 수요일은 음악, 목요일은 텃밭 활동, 금요일은 수공예를 하며 아이가 직접 경험의 주체가 되는 시간을 갖습니다.
- 마무리 모임 : 오후 5시 즈음에 하루를 정리하며 인사하고 하원 준비 후 귀가합니다.

우리숲 어린이집(광명시 하안동)의 리듬 생활 중 생일잔치

아이의 생일날 오전에 엄마, 아빠와 함께 생일잔치를 합니다.

- **엄마, 아빠는 아이에게 읽어 줄 '생일 편지와 손수 만든 수수팥떡'을 가지고 옵니다** : 수수팥떡은 아이의 복을 비는 우리나라의 풍습이 담겨 있습니다. 전통 풍습을 되새기고 엄마의 정성을 느낄 수 있게 반드시 손수 만들어 올 수 있도록 합니다. 입학 전 부모 교육을 통해서 의미를 알리고 수수팥떡을 직접 만들어 보면서 방법을 가르쳐 줍니다. 그래서 방앗간에서 사오지 않고 대부분 만들어 옵니다.
- **생일 선물** : 아이들은 한 장씩 그림을 그리고, 교사들은 손수 만든 별 난쟁이 인형(두 팔과 두 다리를 벌린 긴 고깔모자를 쓴 작은 인형으로 그 모양이 별처럼 생겨서 별 난쟁이 인형이라고 부른다), 가방, 달팽이끈(면실로 뜬 긴 줄로 폭은 대략 5~6cm 내외이고 만드는 사람에 따라 길이는 자유롭게 정할 수 있으며, 다 만들어진 줄을 돌돌 말아 놓은 모양이 달팽이 모양과 흡사하기 때문에 달팽이끈이라고 부른다. 아이들은 길이가 다른 달팽이끈들을 말아서 쌓아 올린 뒤 케이크로써 그것을 생일 놀이에 사용하기도 한다. 또한 달팽이끈으로 다른 사물이

나 인형을 묶어서 끌고 다니며 놀기도 하는 등 상상력을 발휘하며 놀기에 훌륭한 놀잇감 중 하나다) 세 개를 준비합니다. 색깔은 아이가 직접 고른 색이 들어가게 만들어 줍니다. 가방은 해마다 모양이 다르고, 별 난쟁이 인형은 해마다 다른 색깔로 해줍니다. 보통 3년을 다니는 아이들은 3개의 별 난쟁이 인형과 나머지 2개 인형을 엄마가 만들어서 총 5개의 별 난쟁이 인형 촛대를 만들어 졸업식 때 사용합니다. 달팽이끈은 5세는 한 가지 색, 6세는 세 가지 색, 7세는 무지개색으로 떠줍니다. 부모에게는 아기 낳고 기르느라 고생하셨다는 뜻에서 '미역'을 포장해서 선물로 줍니다.

- **생일상 차림** : 생일상에는 무지개색의 동그란 식탁보를 깔고 그 위에 계절 꽃, 과일, 쿠키, 수수팥떡을 놓고, 아이 나이만큼의 초를 켭니다. 그날은 아이가 간식 먹을 때와 점심 먹을 때에도 특별히 무지개색 식탁보를 깔아 주고 초를 켜줍니다.
- **천사 친구와 생일 옷** : 생일잔치 도우미로 별꽃 천사와 달꽃 천사가 있습니다. 한 친구는 생일인 아이가 추천하고, 한 친구는 다음 생일인 아이로 해서 모두 천사를 할 수 있게 배려합니다.

길게 늘어뜨린 노란 망토를 입고 잔치를 시작합니다. 천사 친구는 생일인 아이가 생일잔치를 하러 들어갈 때 긴 망토를 함께 잡아 주며 길 안내를 해줍니다. 그리고 생일인 친구를 돌봐주는 역할을 합니다. 생일인 아이는 무지개색의 꽃이 달린 생일 왕관을 쓰는데, 황금빛과 빨간색 왕관 중에서 아이가 마음에 드는 색을 골라 씁니다.

● 잔치 준비

1. 생일 축하 그림과 쿠키 만들기 : 생일 3~4일 전부터 누구누구의 생일임을 미리 알리고, 생일 노래를 먼저 부르며 생일 맞을 준비를 합니다. 생일날 아이들은 아침에 등원하여 친구에게 줄 생일 축하 그림을 한 장씩 그리고, 생일상에 놓을 쿠키도 만듭니다. 교사는 생일상을 차립니다. 아이들이 오기까지 교사는 '생일 노래 1'을 부르며 생일임을 알리고 분위기를 만듭니다.

   생일 노래 1 : ♬ 오늘은 OO의 생일이지. 사랑하는 OO의 생일이지.

2. 잔치 시작 : 아이들이 대부분 등원하여 잔칫상이 다 차려지고, 생일인 아이와 천사들이 복장을 하고 준비가 되었을 때 '생일 노래 2'를 부릅니다.

   생일 노래 2 : ♬ 딩~ 딩~ 종소리가 울려, 한 아이가 오네. 별님 아기 길 따라~

   종을 울리며 생일 노래를 시작하면서 어린이집 여기저기

를 돌아다닙니다. 자유 놀이를 하던 아이들이 종을 따라 한 줄 기차를 서며 노래를 부릅니다.

3. 모둠방으로 모두 모이기 : 아이들 모두 큰 방으로 모여 동그란 원을 그리며 손을 잡고 생일인 아이를 기다리며 '생일 노래 3'을 부릅니다.

   생일 노래 3 : ♬ 오늘 아침 창가에서 참새와 까치들이 즐겁게 노래해~

4. 걸어 들어오기 : "생일 아이, 어서 오세요"라고 모두 큰소리로 아이를 초대합니다. 별꽃 천사와 달꽃 천사는 망토 끝을 잡아 주고 생일인 아이는 왕처럼 천천히 걸어 들어옵니다. 이때 '생일 노래 4'를 부릅니다.

   생일 노래 4 : ♬ 어서 가자, 별꽃 천사 달꽃 천사~

5. 생일 시 들려주기 : "땅의 문을 열어 줄게. OO야, 들어오렴."

   생일인 아이가 친구들의 동그란 원 안으로 들어오면, 교사는 생일 시를 읊어 줍니다.

6. 축복 송 불러 주기 : 율동과 함께 '생일 노래 5'를 부릅니다.

   생일 노래 5 : ♬ 별처럼 내려와, 해처럼~

   빙글빙글 돌면서 '생일 노래 6'을 부릅니다.

   생일 노래 6 : ♬ 하늘에서 내려와~

7. 생일 동화 들려주기(교사) : 모두 자리에 앉습니다. 교사는

초를 켜고 생일 동화를 들려주면서 잔치가 시작됩니다.

※생일 동화는 기본 얼개는 같으나 아이의 태명, 태몽, 아이에 대한 바람과 부모의 마음을 담아 아이마다 개별 동화를 만듭니다. 그리고 생일 동화를 위해 생일 전에 따로 시간을 내어 반드시 부모와 아이에 대한 이야기를 나누면서 아이에 대한 공감대를 형성합니다. 아이에 대한 추억을 떠올리며 행복했던 순간을 이야기하고 혹여 힘들었던 순간도 얘기하면서 위로도 합니다. 생일 동화를 위해 준비하는 이런 대화의 순간이 정말 중요합니다. 이를 통해서 아이에 대한 이해도 생기고 부모와도 한결 더 가까워집니다.

8. 부모가 생일 편지 읽어 주기 : 미리 써온 편지를 읽어 줍니다. 엄마가 오기도 하고, 엄마와 아빠가 함께 오기도 합니다.
9. 생일 축하하기와 선물 : 생일 초를 끄고 요술 보자기 안의 생일 선물을 펼칩니다. 마지막 '생일 노래 7'를 부르고 마무리합니다.

생일 노래 7 : (김희동 작사·작곡) ♬ 하늘에서 내려온 아름다운 꽃이 땅 위에 곱게 곱게 내려와 사랑스런 고운 꽃을 피워요. 세상 하나뿐인 너의 꽃을(아이 이름) 영원히~

OOO야, 생일 축하해~

아이들은 한 명씩 돌아가며 생일인 아이를 안아 주고 뽀

뽀도 해주며 생일을 축하해 줍니다. 생일인 아이는 보답으로 생일 선물인 교사가 직접 떠준 주머니(또는 바구니도 가능) 안에 가득 든 호박엿을 하나씩 줍니다.

10. 간식 먹기 : 생일상에 차려진 음식으로 오전 간식을 먹습니다. 별꽃 천사와 달꽃 천사가 와서 음식 차리는 걸 도와줍니다. 제일 먼저 생일인 아이가 먹을 수 있게 차려 줍니다. 무지개색 식탁보를 깔고 계절 꽃과 생일 선물로 아이 주변을 꾸며 줍니다. 생일 초를 켜줍니다.

11. 점심시간과 하원시간 : 점심시간과 하원할 때에도 그 아이를 위해서 다시 한 번 생일 노래들을 불러 줍니다. 점심 식사와 하원 전 전체 간식 시간에도 생일상 차림을 해줍니다.

리듬 생활은 정서적 안정을 도모하는 약속입니다.
동시에 건강한 삶으로 이끄는 좋은 습관을 갖게 해줍니다.

8장

배운다는 것 - 넘어졌다 일어서기의 반복

도전을 꺼리는 아이들

좌절과 성취의 반복

도전을 꺼리는 아이들

실패를 해본 경험이 적거나 실수 없이 한번에 이룬 경험이 많은 경우 실패나 실수를 두려워합니다. 그래서 새로운 것에 도전하는 것이 어려운 아이들 곁에는 중심이 흔들리지 않는 어른이 필요합니다.

6장에서 이야기했던 편식처럼 아이들은 하기 싫어서라기보다 낯설다는 이유로 도전을 꺼립니다. 또는 '했다가 잘 안 될까봐' 두려워 아예 도전할 생각을 하지 않습니다. 이때 '너도 할 수 있다'거나 '연습하면 된다'는 식의 추상적인 말로는 유년기 아이들의 도전을 독려하기 어렵습니다.

무언가를 시작하지 못하는 아이나 어른들의 가장 큰 특징은 시작도 안 했는데 결과 먼저 운운한다는 것입니다. 따라서 이럴 때는 자신의 욕구가 지나치다고 생각하지 말고, 충분히 채울 수 있다고 생각해야 합니다. 아이에게는 떨어진 자신감을 북돋아 스스로 할 수 있게 이렇게 말해 줍니다.

"네가 하고 싶은 마음이 없다면 어쩔 수 없지만 하고 싶은 마음만 있다면 선생님이(엄마가 또는 아빠가) **어떻게 해서든지 꼭 할 수 있게** 도와줄게. 선생님은 거짓말 안 해."

이 말은 아무나 흉내 낼 수 없습니다. 이 말을 하는 사람에게 성취했던 경험이 여러 차례 쌓여 있을 때 가능합니다. 그래야 이 말을 할 때 말에 힘이 실리고 한 치의 흔들림이 없기 때문에, 아이는 교사나 부모를 신뢰하고 시작할 수 있게 됩니다.

아이의 "난 절대로 못할 것 같아요"라는 말 속에 담긴 못할

것 같은 그것을 아주 적은 양으로 쪼개, 작은 성취를 하나씩 이뤄 그것을 이어 나갈 수 있게 독려해 주어야 합니다. 아이 입장에서는 자기가 해야 할 양이 많으면 할 수 있을지에 대해 알지 못합니다. 그러나 양이 적으면 그것을 반복하여 독려하는 리듬 생활을 통해 충분히 성취감을 느끼게 할 수 있습니다.

예를 들어 저는 음악적 기본 지식이 전혀 없는 아이들과 함께 작곡을 즐겨 합니다. 곡을 만들자고 제가 제안을 하면 대부분의 아이들은 자기는 그런 것을 해본 적도 없고 못한다고 손사래를 치거나 겁을 냅니다. 그때 다섯 개의 음만 있는 실로폰을 꺼내어 제가 먼저 두 개의 음을 연주하고 그것을 기록합니다. 그리고 아이에게 제가 연주한 두 개의 음 중 마지막 음부터 시작해 총 두 개의 음만 연주해 보라고 제안합니다.

제가 만약 '미, 솔'을 연주했다면 아이는 '솔'로 시작해서 실로폰 위의 다섯 개 음 중 원하는 것으로 딱 한 음만 더 연주하면 됩니다. 이렇게 '끝음 이어가기'를 저와 아이가 번갈아가며 네 번씩만 하면 〈산토끼〉 못지않은 분량의 노래가 완성됩니다.

완성된 후 처음부터 끝까지 들려주고 노트에 '작곡 : OOO(아이 이름)+김현경'이라고 써주면 아이들 얼굴에 미소가 번집니다. 제가 "어때? 어려웠어?" 하고 물으면 모든 아이들이 자신있게 "아니요!"라고 대답합니다. 그리고는 가사를 함께 붙여넣기 시작합니다. 처음부터 음악적 지식을 요구하지 않고 긴

곡을 만드는 것도 아닌, 이런 작은 시작을 '만날 때마다 반복'하는 것은 아이들이 성취감을 경험하면서 자기 자신에 대한 믿음을 키울 수 있는 리듬 생활에 해당합니다.

좌절과 성취의 반복

아이들을 가르치는 일은 매우 중요합니다. 그런데 '배우는 일이 재미없는 일'이라고 가르친다면 그 어른은 아주 무거운 죄를 짓고 있다고 표현하고 싶습니다.

아이가 초등학생이 되어 학교에 입학하여 적응할 시간을 충분히 가진 뒤에 서서히 무엇인가를 배우는 것은 좋습니다. 그렇게 하는 것이 아이의 미래를 위해 굉장히 생산적인 활동이기 때문입니다. 생산성이라 해서 경제활동으로 이어진다는 의미가 아니라, 배움의 가장 큰 목적인 세상을 살아 나가는 데 필요한 힘을 갖추고 길러 준다는 뜻입니다.

이 세상은 내 마음대로 돌아가는 곳이 아닙니다. 뜻하지 않은 일들이 벌어지기도 하는 곳입니다. 그 안에서 좌절도 하지만 재미와 감동도 느낍니다. 이런 세상에 살기 위해 우리는 배움을 통해 **좌절과 성취를 수차례 반복**하면서, 넘어져도 일어설 수 있는 힘을 기릅니다. 이러한 힘을 가지고 있다면 어떤 일을 하더라도 자신의 역량을 충분히 발휘할 수 있습니다.

이 세상을 사는 일은 답이 없는 문제를 풀어 나가는 일과 같습니다. 사람을 상대하는 방법, 갈등을 해결하는 방법, 좌절했을 때 다시 일어서는 방법 등이 그렇습니다. 그런 힘이 어떻게 배움을 통해 길러질까요? 피아노를 예로 들어 보겠습니다.

지금부터 이야기하는 내용의 상징성에 주목해 주세요. 피아노를 시작한 지 빠른 경우에는 1년 만에, 또는 평균 3~4년이 지나면 독일 작곡가 바흐가 만든 〈인벤션〉이라는 곡을 배우게 됩니다. 〈인벤션〉을 배우기 전에는 음악 한 곡을 연주하기 위해 악보를 하나만 봅니다. 그러나 〈인벤션〉은 음악 한 곡을 연주하기 위해 악보 두 개를 동시에 보며 연주하는 것과 같은 기량을 요구합니다. 예를 들어 왼손으로는 '반짝 반짝 작은 별'을 연주하고 동시에 오른손으로는 '솔솔 부는 봄바람 쌓인 눈 녹이고'를 연주하는데, 이 두 곡이 같은 박자를 유지해야 합니다. 동요를 예로 들었지만 실제로는 동요보다 훨씬 복잡한 구조의 연주곡입니다.

악보를 하나만 보기도 버거운데 두 악보를 동시에 보며 연주한다고 상상해 보세요. 아무리 악보를 잘 보던 아이도 〈인벤션〉 악보를 보는 순간 그동안 배운 것이 소용없다고 생각될 정도로 원점으로 돌아간 것 같은 경험을 하게 됩니다. 마치 스스로에 대한 '장애'를 경험하게 되는 것과 같습니다. 이쯤 되면 음악을 잘 모르는 분들이라도 바흐의 〈인벤션〉은 피아노를 그만두고 싶게 만드는 곡이라는 것을 이해했을 것입니다.

피아노 교육을 받으면서 바흐의 〈인벤션〉을 배우고 그만둔 사람과 그것을 배우기도 전에 그만둔 사람의 미래는 달라집니다. 〈인벤션〉은 총 서른 곡으로 구성되어 있습니다. 한 곡 한 곡 배워 연습할 때마다, 시작 부분에서 크게 좌절하고 끝 부분에서 '해냈다'는 경험을 서른 번 반복하게 됩니다. 이 서른 번의 좌절과 서른 번의 성취를 통해 '내가 못할 게 뭐 있나, 넘어져도 난 언제든 일어서는 힘이 있지!'라는 느낌을 내면에 강하게 새기게 됩니다. 바흐 〈인벤션〉이 그것을 배우는 사람의 정신에 미치는 영향은 상당히 큽니다.

피아노 교육의 근본 목적은 피아니스트를 양성하는 것이 아닙니다. 좌절과 성취를 반복하는 리듬 생활을 통해 이 세상을 사는 데 필요한 힘을 길러 주는 것입니다. 악보를 볼 줄 알게 만들고, 원하는 곡을 자유자재로 연주하게 만들고, 음악성을 길러 주는 것은 그다음의 일입니다.

에코 세대 중에는 피아노를 배워 본 사람들의 수가 상당히 많지만, 그들 중 악보를 자유롭게 보거나 원하는 곡을 마음껏 연주하는 이는 많지 않은 것으로 추정됩니다. 〈인벤션〉을 배우기 전에 피아노 교육을 중단하면 악보 읽기는 여전히 어려워 원하는 곡을 연주할 수 없습니다. 뿐만 아니라 '나는 할 수 있다'는 정신도 남지 않고, 오히려 음악을 통해 자신의 무력감만 경험합니다. 그리고 '나는 음악이 어렵고 잘 못해'라고 느끼게 됩니다.

바흐 〈인벤션〉까지 배우지 않을 거면 피아노 교육을 아예 시작하지 말라는 단순한 이야기가 아닙니다. 무엇을 배우더라도 피아노 교육 과정에서의 바흐 〈인벤션〉처럼 배우는 과정에서 큰 고비가 오는 지점이 있다는 것입니다. 그런데 그 고비를 겪기도 전에 그만두고 또 다른 것을 배웠다가 그만두면 '남는 것'이 하나도 없습니다. 테크닉도 정신도 그 어떤 것도 남지 않게 됩니다.

부모들 중에는 자신의 교육 방식을 의식하지 못한 채 반복하는 분들이 많습니다. 그리고는 아이에게 '이것저것 가르쳐 봤는데 소용이 없다'는 말을 아무렇지 않게 합니다. 가르쳐 봤는데 소용이 없는 이유는 아이가 '본격적으로 배우기도 전에' 그만두게 한 부모들의 잘못된 양육 방식 때문입니다.

배우는 것에 재미를 느낄 때는 '못할 것 같은 것을 해냈을 때'입니다. 그럭저럭 잘 되어 간다면 배우는 재미를 느끼기 어렵습니다. 바흐 〈인벤션〉을 배우기 전까지는 웬만한 곡들은 연습하면 그럭저럭되는 편입니다. 그래서 아직 재미를 느끼지 못하거나 작은 재미만 느낍니다. 그러다 〈인벤션〉이라는 고비를

맞이하는 순간 갑작스런 큰 고통을 느끼게 됩니다.

아이가 이런 고통과 마주하는 순간 부모는 '그럼 이제 그만 배우자'라고 말하는 실수를 저지릅니다. 좌절했을 때 일어서는 경험의 시간을 아이에게 주지 않은 채 그만둡니다. 그래서 아이는 '나는 그걸 못해'라고 느낍니다. 배우는 것이 재미있다는 것을 가르치려면 좌절했을 때 다시 일어설 때까지 독려해야 합니다. 그러기 위해 부모와 교사는 협력해야 합니다. 무엇을 배우던지 신중한 시작과 그것을 견뎌 낼 힘이 있어야 배운 것이 남습니다.

아이는 부모의 '실험 대상'이 아닙니다. 재미없어서 배우기 싫다는 아이의 말에는 다양한 뜻이 담겨 있습니다. 아이의 특성을 고려하지 않은 채 선택한 것이거나, 고비가 찾아와 너무 어렵기 때문이거나, 아직 고비가 오지 않아 시시하기 때문이거나, 선생님과의 관계가 잘 형성되지 않아서 또는 함께 배우는 친구들과 문제가 있어서 등 여러 가지 이유가 있습니다.

그 이유를 파악하는 것이 우선이지, 무턱대고 '그만큼 배웠으면 이번에는 다른 것도 좀 배워 보자'라고 한다면, 그리고 그런 패턴이 반복된다면 아이는 점점 더 배우는 일이 재미없다는 것만 배울 뿐입니다. 새로운 것을 배울 때 재미를 느끼지 못하면 자존감에도 큰 영향을 미칩니다. 그렇기 때문에 배우는 것이 재미있다는 것을 아이에게 가르쳐 주지 못하는 것은 정서적인 방치입니다.

어떤 부모는 잠깐씩 여러 가지를 맛보게 하고 그중에서 재미있는 것을 골라 배우라고 부추기기도 합니다. 그런 경우 또 다른 문제는 자녀에게 선택을 직접 맡기는 식으로 자립을 강요한다는 것입니다. 배운다는 것을 마치 옷을 사는 행위와 혼동해서는 안 됩니다. 한번 입어 보고 맞으면 사는 옷과 다릅니다. 그것은 자신을 근본적으로 성장시키는 행위가 아니기 때문입니다. 배운다는 행위는 자신을 성장시키는 일입니다.

아메리카노를 처음부터 맛있어서 마시는 사람은 아마 거의 없을 거라고 생각합니다. 그 후 더 마시지 않는 사람이 있는가 하면, 무슨 맛인지 알아보기 위해 계속 맛보는 기회를 만드는 사람이 있습니다. 전자는 짧은 시간에 부정적인 측면만 알게 된 경우고, 후자는 첫 경험에서 생긴 부정적 시각을 바꾸는 경우입니다. 맛만 보고 배울지 말지를 결정하는 것은 경솔한 행동입니다. 그리고 그 방법을 아이에게 적용시키는 것은 더더욱 경솔합니다.

배우기 위해 우리는 선생님을 만납니다. 따라서 내용만 배우는 것이 아니라 선생님이라는 사람도 배웁니다. 사람을 배운다는 의미는 다양합니다. 배울 점이 많은 사람에게는 당연히 배우는 것이 많겠지만, '배울 점이 없는 사람'에게도 배울 것이 많습니다. '저런 행동은 배우지 말아야겠다'는 것을 비롯해, 싫어하는 선생님에게 나는 어떤 언행을 보이는지 자신을 돌아볼 수 있습니다. 물론 이런 반성적인 태도는 어른들의 경우에나 가능할 것입니다. 그러나 성장 과정에서 어린 시절의 나를 돌아보면서 알게 되기도 합니다.

어릴 때 저는 마음먹은 대로 되지 않아 속상한 나머지 한숨을 쉬었다가 선생님께 혼났었습니다. 잘할 생각은 안 하고 버릇없이 한숨을 쉰다는 것이 그 이유였습니다. 저는 그때 그 선생님으로부터 배운 것을 지금의 제 제자인 아이들에게 적용합니다. 아이가 답답해한다고 기를 꺾지 말아야겠다는 생각을 갖게 되었기 때문입니다. 대신 저는 이렇게 말해 줍니다.

"많이 답답하지? 선생님도 배울 때는 선생님이 구제불능인 줄 알았어, 그런데 알고 보니 이게 너무 어려운 거였어. 너의 실력이 부족해서 그런 게 아니야."

그러면 아이는 힘을 얻어 의지를 발휘합니다.

배운다는 것이 얼마나 큰 힘이 필요한지를 알지 못하면 내용에 집중하는 일이 벌어집니다. 내용은 당연히 좋아야 합니다. 내용에만 집중하는 많은 사람들은 배우는 목적이 바로 '사용하기' 위해서입니다. 아이든 어른이든 무언가를 배울 때 실용성에만 목적을 둔다면 결국 써먹지 못하는 일이 벌어집니다. 배울 때는 이 세상을 사는 데 필요한 힘과 지혜를 채우는 '인간의 성장'에 목적을 두어야 합니다.

자녀의 행복이 목적이 아니라 자녀가 피아노를 전공하는 것이 부모의 바람이기 때문에 피아노를 가르친다면 그 바람이 현실화될 가능성은 희박합니다. 시작하기도 전에 결과를 미리 계산한다면 시작하지 않는 것이 좋습니다. 그 시간과 돈은 어떤 결과가 나오든 상관없는 곳에 사용하는 것이 훨씬 생산적일 것입니다.

리듬 생활은 같은 방식의 행동, 같은 방식의 말이,
같은 방식의 생각이 반복되는 생활입니다.
그것은 매일 반복될 수도 있고, 일주일에 한두 번,
한 달에 몇 번, 계절마다, 해마다 반복될 수도 있습니다.

결론

세상에 대한 신뢰

자존감과 행복감

건강

세상에 대한 신뢰

아이가 짜증을 내는 것은 이 세상이 내 마음처럼, 내가 예측한 대로 돌아가지 않아 불안해서 그렇습니다. 불안한 아이는 자기 몸을 잘 가누지 못한 채 이리저리 부딪치고 다니거나, 말을 더 듬기도 하고, 감정 기복이 심해지기도 하고, 자위행위나 섭식 장애 및 야뇨증 등의 증세를 보이기도 합니다.

부모의 경우, 이렇게 해라 저렇게 해라 식의 지침서들을 따르다 보면 오히려 육아에 대한 불안감만 더 커집니다. 부모가 불안하면 아이 역시 안정된 정서를 유지할 수 없습니다.

불안은 알 수 없는 것에 대한 두려운 마음입니다. 리듬 생활은 예측이 가능한 규칙성을 의미합니다. 따라서 **누구나 할 수 있는** 리듬 생활을 실천하기만 하면 됩니다. 그것은 아이뿐만 아니라 어른들의 정서 안정에도 많은 긍정적인 효과를 미칩니다.

불안은 불규칙적인 생활환경에서 기인하기도 하지만 타고

나기도 합니다. 하지만 스콧 스토셀은 그의 저서《나는 불안과 함께 살아간다》에서 정서적으로 안정된 보호자와 함께 성장하면 달라질 수 있다는 실험결과를 제시해 주었습니다.

정서적으로 안정된 보호자는 세상을 신뢰하는 사람입니다. 건강한 리듬 생활을 통해 이 세상이 그렇게 믿지 못할 곳이 아니라는 것을 잘 아는 사람입니다. 그런 사람은 약속의 중요성을 알고 그것을 잘 지킵니다.

자존감과 행복감

강의 중에 갖게 되는 질의응답 시간에 7세 자녀를 둔 부모들로부터 종종 다음의 질문을 받습니다.

"아이를 공교육에 적응시켜야 할지, 발도르프 학교 같은 공교육과는 다른 방식의 교육철학을 토대로 세워진 학교에 보내야 할지 고민이 됩니다. 선생님이라면 자녀를 위해 어떤 선택을 하시겠습니까?"

저는 공교육이 아닌 다른 교육을 받았던 학생들 중에서도 자신이 원하는 것이 불분명한 경우를 자주 접합니다. 안타깝게도 의지마저 박약합니다.

공교육이 아닌 다른 방식의 교육들이 공통으로 추구하는 것이 바로 자유를 누릴 줄 아는 사람을 길러 내는 것입니다. 공교육 문제를 논하기 이전에 가정 내의 '자유'를 가장한 방치가 더 큰 문제입니다. 신뢰할 만한 최소한의 가이드도 없이 배우고 싶은 것을 배우라며 어딘가에 맡겨 버리는 것은 아이를 무엇을 해야 할지 모르는 사람으로 만드는 것입니다. 또한 아이가 마음대로 시작하게 하고 언제든 그만두게 하는 것은 아이로 하여금 긴 시간을 헤매게 만듭니다.

조금 힘들고 어려울 때 쉽게 포기하고, 시작도 하기 전에 부정적인 결과를 먼저 생각하면 자존감이 낮아집니다. 우리가 행복할 때는 억만금을 손에 거머쥐었을 때가 아니라, 가슴이 뛸 정도로 간절히 하고 싶은 것이 생겨 그 일을 시작하고 경험하면서 발전하는 자신을 발견했을 때입니다. 스스로에 대한 만족감과 자존감은 비례합니다.

자신의 갈 길을 자유롭게 찾아가는 것은 리듬 생활이 주는 행복감을 직 · 간접적으로 느낌으로써 가능합니다. 기준이 되는 큰 틀 안에서 충분한 반복 경험을 통해 자신감을 얻으면, 틀 밖으로 나갔을 때도 자신의 역량을 발휘하는 것이 두렵지 않게 됩니다. 티끌 모아 태산이 되듯, 조금씩 꾸준히 반복하면서 점점 더 희망했던 수준에 다가갈 수 있습니다. 이러한 규칙성이 순간의 만족을 뒤로 미룰 수 있는 힘을 갖도록 독려해 줍니다.

틀 안으로 들어가기 싫고 틀 밖으로 나가기 두려운, 그래서 자신이 원하는 것도 모르고 헤매는 사람으로 살게 되는 이유는 학교 시스템 탓만이 아닙니다. 리듬 생활을 통한 반복이 주는 힘을 경험하지 못하면 그 어떤 훌륭한 교육 시스템 속에 있어도 자신이 원하는 것을 알지 못합니다. 또는 '적당히' 좋아하는 것을 '대충'하는 일이 벌어집니다. 부모와 교사의 건강한 리듬 생활은 가장 훌륭한 가이드가 되어 줄 수 있습니다.

학교는 문제의 근원이 아니며 학교가 문제를 해결해 주는 유일한 곳은 아닙니다. 자신의 기준이나 철학을 반영하지 않고 틀을 벗어나는 것이 두려워 공교육을 택한다거나, 내 아이를 과소평가한 나머지 아이가 틀을 버거워할까 봐 두려움에 공교육이 아닌 다른 교육을 택한다거나, 무언가에 휩쓸리듯 학교를 선택한다면 그 어떤 학교가 되었든 아이에게는 결코 좋은 학교가 될 수 없습니다.

건강

운동, 식사, 명상 등 우리의 건강을 책임지는 활동들이 있습니다. 그러나 그것을 아무 때나 한다고 긍정적인 영향을 주는 것이 아닙니다. 즉흥적으로, 무작위로, 혹은 무절제하게 한다면 건강한 삶을 보장하지 못합니다. 리듬 생활에 의한 반복을 통해 좀 더 의식적으로 할 때 건강한 삶이 보장되는 것입니다.

그만둬야 할 행동을 계속하고, 하지 말아야 할 말을 자제하지 못한 채 계속하는 것은 가정의 건강은 물론 자신의 건강도 지킬 줄 모르는 사람들의 행동입니다. 심리학에서 자주 쓰이는 반갑지 않은 단어 '대물림'은 리듬 생활을 하지 않는 부모가 자녀에게 그것을 그대로 물려줄 때에도 해당됩니다. 정신적으로 건강하지 못한 사람은 곁에 있는 사람들의 정신도 해칠 수 있습니다.

예를 들면 열등감이 심한 부모는 타인에게 보이는 자신의 모습에 과도하게 몰입한 나머지 (자녀를 자신의 겉모습 중 한 부분으로 여기고) 자녀에게 늘 같은 언행으로 상처를 줍니다. 그 상처를 받으며 자란 자녀는 열등감으로 괴로워하면서 자신의 자녀에게 또 열등감을 물려주기도 합니다.

건강한 삶이라는 말은 결코 육체적 건강만으로는 완성될 수 없습니다. '나도 모르게' 나오는 말이나 행동의 주인은 '나'입니다. 자신의 말과 행동에 대해 책임질 수 있어야 합니다. 이것은 약속을 잘 지키는 것보다 더 큰 의미를 가집니다. 자신이 반복하는 말과 행동이 자신과 주변 사람들의 정신 건강을 책임질 수 있는지 없는지 습관적으로 돌아볼 수 있어야 합니다.

리듬 생활은 정서적 안정을 도모하는 약속입니다. 동시에 건강한 삶으로 이끄는 좋은 습관을 갖게 해줍니다. 또한 삶에 활기를 불어넣는 의식 행위인 리듬 생활은 자존감을 높여 줄 것입니다.

에필로그

다년간 많은 아이들과 부모들을 만나면서 저는 세 가지를 배웠습니다. 그것을 부모 교육 때 말씀드리면 모두들 공감해 주십니다. 그러나 단순한 공감을 넘어 진지하게 생각해 볼 것들이기도 합니다. 그 세 가지는 내 뱃속에서 나와 똑같은 아이가 나오는 이유, 나와 전혀 다른 아이가 나오는 이유, 마지막으로 나와 궁합이 딱 맞는 아이가 나오는 이유에 관한 것입니다.

1. 내 뱃속에서 나와 똑같은 아이가 나오는 이유

상담을 하다 보면 다음과 같은 일이 늘 벌어집니다. 한 어머니가 다음과 같은 말씀을 하며 **우십니다.**

"선생님, 저희 **아이가 눈물이 많아서 걱정**이에요"

또는 다음과 같이 말씀하시는 분들도 있습니다.

"우리 **애가 너무 소극적이라** 어떻게 해야 적극적으로 바뀔지 모르겠어요. 그런데 **제가 소극적인** 성격이에요."

많은 부모들이 스스로 자신의 단점이라고 생각하는 부분을 아이가 똑같이 드러내면 걱정을 합니다. 눈물이 많아서 또는 소심한 내 모습이 스스로 불편한데, 그런 나와 똑같은 아이가 태어나 마음이 여간 불편한 게 아닙니다. 부모의 단점을 그대로 보여 주는 아이를 마주하는 것 자체가 달갑지 않습니다. 동시에 자신처럼 불편함을 느끼면서 살아갈 그 아이를 생각하면 걱정이 커집니다.

내 뱃속에서 나와 똑같은 아이가 나오는 이유는 '자신을 받아들이라'는 메시지입니다. 즉 자신을 부정하지 말라는 뜻입니다. 나 같은 사람도 이 세상에 필요한 사람이라는 것을 받아들이라고 아이는 그 부모를 선택한 것입니다. 세상 사람들이 모두 다 눈물이 없고 적극적이라면 '함께하는 것'이 불가능할 것입니다. 서로 다르기 때문에 함께 어우러져 살 수 있는 것입니다.

부모는 단점이라 여기지만 아이들은 그런 모습을 불편하게 생각하지 않는 경우가 많습니다. 자녀는 자녀이고 부모는 부모입니다. 그 단점으로 인해 사는 데 큰 불편함을 느꼈다면 그 아이가 나에게 주는 메시지는 분명합니다. 아이를 바꿔 주는 것이 아니라 부모가 바뀔 수 있는 기회가 온 것입니다.

2. 내 뱃속에서 나와 전혀 다른 아이가 나오는 이유

"우리 집에는 이런 사람이 없어요. 우리 부부는 안 그러는데 도대체 누구를 닮았는지 알 수가 없어요. 저희는 조용히 평범하게 살고 싶은데 아이는 자꾸 일을 벌이고 튀는 행동을 합니다. 전 제가 정해 놓은 큰 틀에서 벗어나는 일은 거의 만들지 않습니다. 그러나 아이는 내가 옳다고 여기는 틀을 자주 벗어나 상당히 자유로운 행동들을 합니다."

내 뱃속에서 나와 전혀 다른 아이가 나오는 이유는 '나만 옳은 것이 아니라는 것'을 스스로 깨닫게 하기 위함입니다. 아이는 다음의 메시지를 전달합니다. '이 세상을 당신처럼 사는 것이 꼭 정답은 아니에요. 나처럼 살아도 큰일이 나는 건 아니에요. 당신은 겁이 많기도 하고 너무 자만심에 차 있어요.'

보통 자신이 정해 놓은 엄격한 틀 안에 갇힌 부모들이 이런 경험을 많이 합니다. 나와 전혀 다른 아이가 나를 부모로 선택했다면 나에게 융통성이 부족하거나 자만심이 강하다는 것을 알려 주기 위해서입니다. 스승도 이렇게 좋은 스승이 없습니다. 이 경우에는 배워야 합니다.

아이를 가르치는 것이 아니라 겸손하게 나를 변화시키기 위해 노력해야 합니다. 나는 늘 옳지 않습니다. 그저 틀 밖으로 나오는 것이 그동안 조금 두려웠을 뿐입니다.

3. 내 뱃속에서 나온 아이가 나와 궁합이 딱 맞는 이유

궁합이 맞는다는 표현은 아이가 무엇을 해도 예쁘고 웬만해서는 다 허용이 되는 것을 의미합니다. 아이가 집 안 아무 데나 똥칠을 해도 예쁠 경우 그 아이는 첫째 아이일 수 없습니다. 대개 둘째 또는 셋째 내지는 막내입니다. 내 뱃속에서 나온 아이가 나와 궁합이 딱 맞는다는 생각은 착각에 불과합니다. 궁합이 맞는 것이 아니라 나에게 아이를 돌볼 여유가 생겼다는 뜻입니다.

첫 아이를 낳았을 때는 처음이라 욕심이 생기고 여유가 없습니다. 그래서 기침 소리만 이상해도 엄마는 울면서 바로 병원으로 뛰어갔는데, 둘째 아이는 콧물이 질질 흐르기 전에는 굳이 병원에 데리고 가지 않게 됩니다. 키워 보니 큰일인 줄 알았던 일들이 그리 큰일이 아니라는 것을 알게 된 것입니다. 그만큼 아이를 돌보는 일에 여유가 생긴 것입니다.

이 세상에 나와 궁합이 딱 맞는 아이를 만나는 건 불가능합니다. 서로가 다 독립된 인격체인데 어떻게 모든 것이 딱 맞을 수 있나요. 단지 부모가 여유를 되찾았을 뿐입니다. 여유를 찾았다는 점에 있어서 내 뱃속에서 나온 나와 똑같은 아이, 그리고 나와 전혀 다른 아이, 그러니까 내 첫 아이에게 감사해야 합니다. 그 아이들 덕분에 나에게 여유가 생겼으니 말입니다. 이렇게 아이들은 부모를 가르치기 위해 옵니다.

만약 아이들의 이런 메시지를 받아들이지 않는다면 부모는 자신의 문제를 모른 채 가족이라는 관계 속에서 끊임없이 똑같은 문제를 경험하게 될 것입니다. 어쩌면 그 문제를 피하기 위해 사람을 만나는 일 자체를 피할지도 모릅니다. 성장기에 하지 못했던 경험은 어른이 되어 언젠가는 보충하게 됩니다. 부모가 되고 교사가 되어서 말이죠. 아이들은 그들에게 이렇게 온 몸으로 말합니다.

"당신은 융통성이 없습니다. 창의력은 더 없습니다. 주어진 것을 따르기만 하고 그 외의 것은 더 이상 생각하지 않으니까요."

"잘못하지 않으려고 당신은 많은 것을 시도해 보지 못했을 것입니다. 당신은 나이에 비해 경험이 너무 적습니다. 그러니 진짜 모르는 사람은 내가 아니라 당신입니다. 다 알지 못하면서 다 아는 것처럼 행동하지 마세요. 가르치지 말고 나에게 배우길 바래요!"

육아와 교육은 간단한 일이 아닙니다. 그 누구에게라도 말할 수 없이 힘든 일입니다. 관계 속에서 벌어지는 갈등으로 인한 감정의 굴곡을 경험할 기회가 부족했던 사람들이라면 육아가 상대적으로 더 많이 힘들 것입니다. 제가 상담과 교육을 통해 늘 경험하는 사실입니다.

아이와 마주하는 일은 긴 과정을 꾸준히 밟아서 무언가를 이루게 되는 일이고, 그로써 자부심과 자신감을 가질 수 있는 절호의 기회가 되기도 합니다. 자녀를 이미 성인으로 다 키운 부모들을 보면 1초의 망설임도 없이 그냥 하는 말들 속에는 강하고 바른 중심이 느껴집니다. 자녀 키우기라는 초대형 장기 프로젝트를 꾸준히 해낸 결과입니다. 겪어 봤는데 큰일이 아니라는 이것이 다 **경험에서 나오는 것**들입니다.

아이를 마주하는 일은 무언가를 오랜 기간 **직접** 겪어 내면서 문제를 해결하는 능력을 키울 수 있는 좋은 기회입니다. 아이들이 온몸으로 가르쳐 주는 삶의 지혜를 배울 수 있는 이 기회를 놓치지 마시기 바랍니다!

아이는 우리에게 이렇게 응원하고 있습니다.

"당신이 어렸을 때 했더라면 좋았겠지만 하지 않았던 경험을 나를 키우는 동안 할 수 있게 도와 드릴게요. 나를 키우는 일은 생략도 축소도 회피도 불가능한 일입니다. 힘들겠지만 당신은 할 수 있습니다. 내가 있으니까요!"

감사의 글

또 다시 이어진 협력 작업으로 이 책을 집필하는 동안 저에게 큰 힘이 되어 주신 도서출판 무지개다리너머 권미경 대표님, 글과 어울리는 따뜻한 그림들을 그려 주신 김정은 선생님 두 분께 가장 먼저 진심으로 감사드립니다.

전공생 시절 수업을 받을 때마다 드러나는 턱없이 부족한 실력 때문에 꿈을 포기하지 않도록 저와 제 꿈을 끝까지 지켜 주셨고 여전히 그런 은사님이신 이데 유미꼬 선생님, 그리고 종례시간에 늘 노래를 하나씩 가르쳐 주시던 즐거운 리듬 생활로 잊지 못할 큰 추억을 만들어 주신 오류남 초등학교 2학년 7반 시절의 이인실 선생님, 두 분 모두 존경하고 늘 감사드립니다.

곁에서 특유의 섬세함으로 항상 힘이 되어 주는 평생지기 박종두 씨와 늘 걱정해 주시고 생각해 주시는 시부모님, 주경야독하며 놀라운 일을 해내는 동생 상수, 아직은 여러 면에서 많이 부족한 두 자식들에게 그 부족함을 채워 나가는 법을 말이 아닌 행동으로 보여 주시는, 그래서 우리 남매가 한목소리로 닮고 싶다고 이야기하는 최고의 인생 스승이신 부모님, 그리고 저에게 아주 소중한 인연으로 다가와 주신 여러 부모님들과 선생님들과 아이들, 늘 큰 가르침을 주시는 모든 분들께 감사드립니다.